Martina Fischer
Dorothea Steinbacher

# Die Alm

Ein Ort für die Seele

kailash

# Inhalt

# Einmal Sennerin, immer Sennerin

»Wie kommst du nur dazu, auf die Alm zu gehen …?« Das ist die Frage, die mir stets aufs Neue gestellt wird. Oft mit dem Zusatz: »… also, ich könnte mir das ja überhaupt nicht vorstellen!« Ich schon. Immer wieder. Ich verbringe den Sommer von Mai bis September als Almerin – Sennerin kann man auch sagen, bei uns im Chiemgau werden beide Begriffe verwendet – hoch auf dem Berg. Auf der Alm kümmere ich mich um Kühe, Stall und Weide, stelle Butter und Käse her. Solange ich die Arbeit leisten kann, wird es mich immer wieder auf die Alm ziehen. Was die Faszination ausmacht? Was mir die Zeit auf der Alm gibt? Warum ich schon fast almsüchtig bin? Das habe ich versucht herauszufinden und auf den folgenden Seiten zusammengetragen. Für alle, die mich immer wieder fragen, und für mich selbst: Was ich als Almerin tue, wie mein Leben auf der Alm aussieht, und warum ich für keinen Luxus der Welt meine Zeit auf der Alm eintauschen würde. Fast ein halbes Jahr in und mit der Natur zu leben, mit den Tieren, hoch auf dem Berg, mit weiter Sicht übers Tal, mitten im Wettergeschehen, nah an der Sonne oder im Zentrum tobender Gewitter – das schenkt mir Kraft für das andere halbe Jahr im Tal. Ich muss hart arbeiten, oft bis an die Grenzen meiner körperlichen Kräfte gehen. Und doch empfinde ich nie und nirgends eine solche Zufriedenheit, ein solches Glück, wie auf der Alm, dort tankt meine Seele auf. Den vierten Almsommer habe ich nun schon hinter mir, und eins ist sicher: Es war nicht der letzte …

# Wie ich
# Almerin wurde

*E*s war ein Samstag im September 2010, ich erinnere mich noch genau. Micha, die Frau meines Cousins, bewirtschaftete in diesem Sommer eine Alm im Wendelsteingebiet, und ich hatte sie schon ein paar Mal dort oben besucht. Bis mittags musste ich arbeiten, aber dann wollte ich sie überraschen – ich sehnte mich schon seit Stunden danach, endlich aus den geschlossenen Räumen hinaus in die frische Luft zu kommen. Ein sonniger Herbsttag, wenn auch kühl. Der frische Wind blies dicke weiße Wolken über den blauen Chiemgauer Himmel – ein Tag, wie gemacht für eine Tour mit dem Mountainbike.

Eine gute Stunde später saß ich schon vor der Almhütte, ein Glas frische Buttermilch vor mir, und merkte, wie die Anspannung von mir abfiel. Lange und ausführlich ratschte ich an diesem Nachmittag mit Micha. Später half ich ihr noch beim Melken, dann fuhr ich heim ins Tal. Um diese Zeit im Jahr wird es schon früh dunkel.

Zum ersten Mal ließ ich an diesem Abend den Gedanken zu, der offenbar schon lange tief in mir drin geschlummert hatte: Warum nicht einmal selbst als Almerin arbeiten? Ich merkte, wie sehr es mich auf die Alm zog, in dieses Leben inmitten der Natur. Ich wollte es versuchen.

Mein Mann Franz teilt zwar meine Begeisterung fürs Wandern und Berg-
steigen, fürs Mountainbiken und für die Musik, für Garten und Tiere – aber
meine Almerinnen-Idee stieß bei ihm zunächst auf wenig Gegenliebe. Wie
sollte das gehen? Würden meine Arbeitgeber mich monatelang freistellen? Wer
würde den Haushalt erledigen, während mein Mann – er ist Maurermeister
und hat ein kleines Bauunternehmen – außer Haus arbeitete, wer würde sich
um den Garten kümmern? Was würden unsere Musikgruppen sagen, wenn
ihre Flügelhornistin monatelang ausfiel? Und wie würde es ihm gehen, allein
daheim am Abend, in der Nacht, am Morgen, das ganze Wochenende? Wir

sprachen stundenlang darüber, nicht nur an diesem Abend, und drehten und wendeten das Für und Wider meines immer dringender werdenden Wunschs, auf die Alm zu gehen. Als Franz schließlich verstanden hatte, dass es sich dabei nicht nur um eine fixe Idee handelte, sondern um ein inzwischen fast schmerzhaftes Sehnen, tief aus dem Bauch heraus, arbeiteten wir Punkt für Punkt ab. Ließ sich mein Herzenswunsch realisieren? Zu unserem Erstaunen fanden wir für jedes Problem eine Lösung, mit der wir beide leben konnten.

All meine Gedanken kreisten in den nächsten Tagen nur um dieses eine Thema. Bald saß ich wieder auf der Alm bei Micha und erzählte ihr, welche Entscheidung ich in der Zwischenzeit getroffen hatte. Mit einem Augenzwinkern meinte sie, das habe sie sich schon lange gedacht und überhaupt hätte sie rein zufällig von einer freien Almstelle fürs nächste Jahr gehört – ganz in der Nähe. Der Bauer Vogt suche eine Almerin für die Rampoldalm. Ein Anruf genügte, und ein paar Tage später saß ich mit der Bäuerin in der Stube.

## BEWERBUNGSGESPRÄCH AM KÜCHENTISCH

Ich erzählte Christl Vogt, dass ich aus einer Bauernfamilie stamme und ganz in der Nähe aufgewachsen war, in einem Dorf bei Rosenheim. Meine Eltern hatten eine kleine Landwirtschaft, in der wir drei Geschwister schon früh mit anpacken mussten. Ich ging gerne in den Stall, meist mit meinem Vater. Dabei wurde nicht viel gesprochen, und doch wusste jeder, was zu tun war. Wir waren auf gleicher Wellenlänge und verstanden uns ohne Worte. Beide liebten wir den Umgang mit den Kühen und den Kälbern, den Geruch von Heu, von frisch gemähtem Gras im Sommer und das Geräusch der pulsierenden Melkmaschine. Leider starb mein Vater viel zu früh, ich war erst 18. Auch deshalb bewahre ich die Erinnerung an die intensive gemeinsame Zeit mit ihm wie einen Schatz in meinem Herzen.

Von meiner Mutter lernte ich das Buttern und ein wenig auch das Käsemachen. Als ich noch daheim wohnte, gab es nämlich eine Zeit, in der wir mehr Milch produzierten, als wir an die Molkerei abliefern durften. Da holten wir das alte Butterfass vom Dachboden und kurbelten die Zentrifuge an. So trennten wir den Rahm von der Magermilch. Aus dem Rahm machten wir Butter und aus der Magermilch Quark, auf bairisch Topfen. Wir probierten damals auch Mozzarella und Weichkäse herzustellen, das war weniger schwierig als erwartet. Auf diese Weise lernte ich als Jugendliche schon einiges, das ich später auf der Alm gut brauchen konnte. Auch meine zehnjährige Berufspraxis als examinierte Krankenschwester war keine schlechte Voraussetzung für die Alm. Ich kann mit Kranken umgehen und Verletzte versorgen – ob Mensch oder Tier ist da erst einmal recht egal. Ich arbeite diszipliniert, verliere in schwierigen Situationen nicht gleich die Nerven und halte körperlich schwere Arbeit aus. Alles Pluspunkte, die für mich als Almerin sprachen.

Doch *noch* war ich nicht eingestellt. Mit der Bäuerin verstand ich mich zwar auf Anhieb sehr gut, und ich hatte den Eindruck, dass sie mich auch gleich mochte. Aber dann kamen nacheinander die drei fast erwachsenen Töchter der Vogts in die Stube, setzten sich für ein paar Minuten dazu und begutachteten mich – wie ich gleich erfahren sollte. Denn als Christl und ich unser »Vorstellungsgespräch« beendet hatten, rief sie die Töchter in die Stube und fragte nur: »Und?«

»Die passt!«, war die knappe Antwort – viel gesprochen wird in Bayern nicht zu solchen Anlässen. Danach kam auch Klaus, der Bauer, noch herein. »Seine« vier Frauen erzählten ihm kurz, dass wir ausführlich geratscht hätten und dass sie mich für die Alm gern einstellen würden. Wir tranken gemeinsam ein Glaserl Wein und gaben uns zur Bekräftigung unseres Vertrags die Hand. Abgemacht! Mit dem Almauftrieb im Mai des nächsten Jahres würde ich die neue Almerin auf der zum Hof gehörenden Rampoldalm werden.

## DER HANDSCHLAG GILT!

Juhu, juhu, juhu! Vor Aufregung zitternd setzte ich mich ins Auto und raste nach Hause, um Franz die Neuigkeit mitzuteilen. Meine damaligen Arbeitgeber reagierten tags darauf zunächst nicht erfreut – klar. Zu dieser Zeit arbeitete ich als Verkäuferin in ihrem Sportfachgeschäft. Ich verstand mich sehr gut mit meinen Chefs, Evi und Andi, die Arbeit machte mir Spaß – aber die Vorfreude auf die Alm war größer. Und dann passierte, wofür ich den beiden heute noch dankbar bin: Sie stellten mich für vier Monate von der Arbeit frei, weil sie sagten, es sei zu spüren, wie sehr mir dieser Schritt am Herzen läge. Das war eine ungeheure Befreiung für mich und etwas, was mich erneut an die immer wieder positiven Wendungen in meinem Leben glauben ließ. Schon immer hatte ich ein unglaubliches Vertrauen in das Schicksal, daran, dass es immer irgendwie weitergeht und dass es das Leben gut mit mir meint. Wieder einmal empfand ich mich als echtes Glückskind!

Ich hatte mir nämlich schon einmal in meinem Leben die Frage gestellt, ob es das schon gewesen sein sollte. Nach zehn Jahren Arbeit im Krankenhaus: Tag für Tag, oder – je nach Schicht – Nacht für Nacht die gesamte Arbeitszeit in geschlossenen Räumen zu verbringen. Als Rädchen nach einem engen Zeitplan zu funktionieren, begleitet von Klingeln, Alarm, Hetze und dem Blick zur Uhr. Schon damals war mir klar geworden, dass mir das nicht nur dauernden Stress verursachte – es machte meine Seele unglücklich.

Weil ich mich schon immer für natürliche Ernährung und für Pflanzen interessiert habe, hatte ich neben meiner Krankenhaustätigkeit eine zweijährige Ausbildung zur Ernährungsberaterin absolviert. Außerdem betreute ich in der Zeit zwei häusliche Pflegefälle: meinen Großonkel und meine Großtante – ich pflegte sie in ihrem Zuhause, wie sie sich das gewünscht hatten, bis zu ihrem Ende. Dann kündigte ich im Krankenhaus und fing an, in einem Biomarkt zu arbeiten. Nach ein paar Jahren wechselte ich ins Sportgeschäft. Das hört sich vielleicht nach einer eher sprunghaften Natur an. Doch im Rückblick waren das alles Schritte in die Richtung, in die es mich auch jetzt wieder drängte – Tätigkeiten, die ganz eng verbunden waren mit dem, was ich eigentlich den ganzen Tag tun wollte: draußen sein, mich bewegen, Sport machen, mich mit der Natur beschäftigen, ernten, kochen, Heilpflanzen sammeln.

Jetzt konnte ich all das bisher Gelernte brauchen: Ich freute mich auf meine erste Saison. Endlich raus aus der Enge geschlossener Räume, endlich den ganzen Tag in freier Natur, »hauptberuflich« mit Tieren und Pflanzen umgehen, ein einfaches Leben führen, ohne feste Tages- und Wochenpläne, ganz allein auf mich gestellt, in meinem Reich. Diese Aussicht beflügelte mich in den darauf folgenden Monaten und trug mich leicht wie auf einer Wolke des Glücks durch den beginnenden Winter und das Frühjahr.

# Mein Almjahr beginnt

Über den Winter lief alles weiter wie vorher: arbeiten, musizieren, üben, Auftritte absolvieren, Haushalt, putzen, kochen, Freunde treffen, feiern. Ganz bewusst genoss ich diese letzten Monate und meinen gewohnten Alltag – bald würde alles anders werden. Langsam, ganz allmählich nur, wurde für mich immer greifbarer, dass ich wirklich ab Mai auf eine Alm gehen würde. Meine Monate im Laden waren gezählt – ab dem frühen Sommer würde ich oben auf dem Berg sein. Ich konnte es noch gar nicht richtig glauben. Mein Traum würde bald wahr werden. Ab und zu besuchte ich meine Almfamilie und erfuhr immer mehr über mein zukünftiges Leben auf der Alm, über die Aufgaben, die mich erwarteten, und die Besonderheiten der Rampoldalm.

## MEINE AUFGABEN ALS ALMERIN

Meine erste Alm bot gleich das ganze Programm: 40 Koima (Jungkühe), dazu zehn bis zwölf Kaiwe (Kälbchen) und zwei Kia (Milchkühe). Das bedeutete: Die Jungkühe blieben Tag und Nacht draußen auf der Weide, wurden aber täglich einmal gezählt. So stellt man möglichst bald fest, wenn sich eine Kuh verirrt haben sollte oder – was ich mir nicht wünschte – eine verunglückt sein

sollte. Die Kälbchen brauchten noch ein paar Tage zur Eingewöhnung und durften die ersten, noch kalten Nächte im Stall verbringen, bekamen Zusatzfutter und Extra-Streicheleinheiten. Die Milchkühe mussten täglich zweimal gemolken und die Milch sofort weiterverarbeitet werden – zu Rahm, Butter, Käse und Topfen. Da die Alm an einem Wanderweg liegt, kommen immer wieder Gäste vorbei, die bewirtet werden wollen. Und die Speisen für die Wanderer werden natürlich auch auf der Alm hergestellt.

Auf den meisten Almen befindet sich im Sommer der gesamte Bestand an Jungvieh eines Bauern – ein kostbares Gut. Man trägt also große Verantwortung, das war mir von Anfang an bewusst. Und ich war stolz, dass mein Bauer, Klaus Vogt, mir seine wertvollen Tiere anvertraute.

Doch es gilt nicht nur, die Tiere zu zählen und zu schauen, dass keines abhandenkommt. Eine Almerin muss auch prüfen, ob die Zäune rund um die Weiden noch in Ordnung sind, und sie gegebenenfalls reparieren. Sie muss die über die riesige Weidefläche verstreut liegenden Brunnen und Quellen, aus denen die Tiere trinken, täglich besuchen und nachsehen, ob das Wasser fließt, ob sie nicht verstopft oder verschüttet sind, etwa nach heftigen Regenfällen und kleineren Erdrutschen. Gegen Ende des Sommers kann es passieren, dass bei einem hoch gelegenen Brunnen das Wasser versiegt – wenn das bei allen Brunnen der Fall ist, müssen die Tiere an der Alm getränkt werden.

Eine Almerin ist auch dafür verantwortlich, die Auskehren in den Almwegen frei zu halten. Das sind diese schräg in den Wegen verlaufenden Rinnen, die bei starken Regenfällen und während der Schneeschmelze die Sturzbäche in die Hänge ableiten. Wenn die Auskehren verstopft sind, von Erde und Steinen, würden die Wassermassen die Wege unterspülen oder wegreißen.

Zur Almpflege gehört auch das Schwenden. Die Almwiesen würden ohne Pflege in kürzester Zeit wieder zuwachsen mit Latschen, also Krüppelkiefern, mit Almrausch, Fichten und anderen Bäumchen, deren Samen der Wind auf die fruchtbaren Weideflächen fallen lässt. Diesen Anflug auszurupfen, das Schwenden, ist eine der vordringlichsten Aufgaben einer Almerin. Zum unerwünschten Bewuchs der Almweiden zählen auch Disteln, die von den Kühen als Futterpflanzen verschmäht werden. Sie müssen gemäht oder ebenfalls ausgerissen werden.

Wanderer bewirten durfte ich, musste es aber nicht. Andere Almen liegen in sehr beliebten Wandergebieten an viel begangenen Wegen. Hier macht in der Hochsaison und bei Schönwetter die Bewirtung der Wanderer den überwiegenden Teil der Almarbeit aus. Und viele Almen, das sind die, die man hauptsächlich im Fernsehen sieht, heißen nur noch Alm, sind aber inzwischen weniger Sommerfrische für Kühe als für Urlauber, die dort wie in einer Gastwirtschaft verköstigt werden und sogar übernachten können. Meine wichtigste Aufgabe war die Betreuung der Tiere und die Pflege der Alm. Wenn Zeit blieb, durfte ich Gäste bewirten, war Wichtigeres zu tun, konnte ich die Tür zusperren.

Manchmal wurde mir angesichts der langen Liste der Aufgaben bange, ob ich das alles schaffen würde.

## LETZTE VORBEREITUNGEN

Auf meine erste Almsaison versuchte ich mich natürlich so gut wie möglich vorzubereiten. Chrissi, die jüngste Tochter meines Almbauern, ist wie ihre Schwestern von Kindesbeinen an mit dem Almleben vertraut. Sie erklärte mir viel und sollte mir in den ersten Tagen der neuen Saison auf der Alm zur Seite stehen. Das beruhigte mich.

Auch meine Mutter fragte ich noch einmal um Rat, bat sie, mir zu erzählen, wie wir das damals mit der Butterherstellung gemacht hatten. Und wie das noch mal mit dem Käsen ging. Meine Mutter hatte nach dem Tod meines Vaters die Landwirtschaft aufgegeben und später noch einmal einen Partner gefunden. Die beiden waren glücklich, dass ich glücklich war und dass die Tochter quasi in ihre Fußstapfen trat und Almerin wurde. Eine Almerin ist angesehen bei den Bauern – denn sie wissen, was eine Almerin leisten muss. Wer das gut hinkriegt, wer eine gute Almerin ist, vor der haben alle Respekt.

In den Dörfern wurde im beginnenden Frühjahr schon über die neuen Almerinnen geredet: Wer geht auf diese Alm und wer auf jene? Und wer ist eigentlich die neue Sennerin, die auf die Rampoldalm gehen wird?

Der Almwirtschaftliche Verein von Oberbayern, in dem die Almbauern organisiert sind, veranstaltet jedes Jahr im ausgehenden Winter einen mehrtägigen Almlehrgang. Hier lernen die künftigen Senner und Sennerinnen die wichtigsten Grundlagen ihrer Arbeit, hier kann man sich Rat und Hilfe holen (siehe S. 233). Leider konnte ich vor meiner ersten Saison nicht an diesem Kurs teilnehmen, ich musste ja arbeiten. So besorgte ich mir noch ein Grundlagenbuch über die Käseherstellung, das mir meine Vorgängerin empfohlen hatte. Es gehörte zu meiner bevorzugten Lektüre während der Frühlingsmonate, in denen ich meinen Abschied von daheim vorbereitete. Ja, das wollte ich alles ausprobieren: Weichkäse und Mozzarella, Camembert und Frischkäse. Ich sah schon meine gefüllten Käseregale vor mir.

Klar würde der Bauer ein- bis zweimal die Woche auf die Alm fahren, um den frischen Butter abzuholen. Er könnte mir dann Lebensmittel mitbringen. Aber ich wollte ja möglichst selbstständig zurechtkommen. Gemüselieferungen würde wohl eher mein Mann übernehmen. Ich richtete auf jeden Fall Samentütchen und Saatkästen her, damit ich vor der Hütte Kräuter und Salat

anbauen konnte. Aus meinem heimischen Gemüsegarten grub ich ein paar überwinterte Schnittlauchpflanzen aus und setzte sie in Töpfe. Sie würden mir die allerersten Vitamine liefern.

## JETZT GEHT'S LOS

Sobald die Almwiesen schneefrei waren, hieß es: Rauf auf die Alm! Jedes Jahr nach dem Winter werden überall die Almhütten hergerichtet und die Zäune neu gezogen. Lawinen, Schneedruck, Murenabgänge setzen vielen Hütten und

den Almweiden zu, manche Hütte muss aufwendig repariert werden. Nicht so die Rampoldalm. Hier nämlich gibt es Winterpächter, den Günter und seine Frau Anni. Sie nutzen die Alm von Oktober bis Mai und helfen dem Bauern als Gegenleistung, sie über die Wintermonate in einem guten und sauberen Zustand zu halten. Günter legt vor dem Winter die Zäune um, der Schnee würde sie sonst niederdrücken. Er geht im Winter oft mit den Skiern hinauf und heizt den Ofen ein, damit das Mauerwerk trocken bleibt. Er überprüft, ob durch den Schnee Schäden entstanden sind, und repariert und erneuert das eine oder andere sofort.

Vor meinem dritten Almsommer hat er mir geholfen, Löcher im Mauerwerk zu verputzen, damit die Mäuse nicht mehr in die Almhütte und in meinen Käsekeller gelangen konnten. Meine Alm fand ich gut ausgestattet vor: Es gibt dort – neben den nötigen Utensilien für die Milchverarbeitung – auch genügend Ess- und Kochgeschirr, Backformen und vielerlei Küchenwerkzeug – man merkt, dass hier seit Jahrzehnten Almerinnen wirtschaften. Hier werden Kuchen und Brot und Strudel gebacken. Ich habe andere Almen gesehen, auf denen es weder eine Kuchenform noch mehr als zwei Tassen gibt. Da ist dann halt anderes wichtiger.

In wenigen Tagen würde ich hier einziehen! Deshalb putzte ich die Almhütte von oben bis unten einmal durch, ebenso den Stall und schaute nach, ob genügend Brennholz für den Anfang vorhanden war: Günter hatte vorgesorgt, es gab Holz, große und kleinere Scheite, Rindenstücke zum Anheizen, sodass ich vorerst auch kein Kleinholz machen musste.

Meine Almbäuerin, die Christl, schickte mir schön bepflanzte Blumenkästen herauf, die wir vor den Fenstern der Almhütte anbrachten. Frisch gewaschene Vorhänge für die Stube und die Schlafkammer hatte sie auch vorbereitet – jetzt sah die Hütte richtig einladend aus, und ich konnte es kaum mehr erwarten einzuziehen.

## WAS NEHME ICH MIT?

Wieder im Tal packte ich mein Auto voll mit Grundnahrungsmitteln: Vom Mühlenladen holte ich mir große Säcke mit Roggen-, Dinkel- und Weizenmehl und einige Kilo Saaten und Flocken zum Brotbacken; für mein Müsli noch Hafer- und Kürbiskerne, Haferflocken, Buchweizen und Hirse. Auch Trockenhefe und getrockneten Sauerteig packte ich ein, dazu kamen Gewürze, Salz und Pfeffer, Essig, Öl, Honig und eine Kiste hausgemachter Marmeladen aus meinem heimischen Vorratsschrank. Und – ich geb's ja zu – auch einen Vorrat an Schokolade für die Sennerin. Außerdem natürlich ein paar Flaschen Schnaps und Likör, manche mache ich ja selber, andere kaufte ich von einheimischen Brennern – Schnaps gehört dazu auf der Alm. Ein Sack Kartoffeln, ein paar Kilo Linsen und ein paar Packungen Zucker für Kuchen und Strudel – damit würde die Speis gut gefüllt sein. Ich wollte, so weit es ging, autark sein und auch möglichst viel von dem verwenden, was ich im Bergwald und auf den Wiesen an Essbarem vorfinden würde.

Ein Radio mit Batterie nahm ich auch mit. Mal Nachrichten hören, vielleicht Musik, dachte ich mir. Auf jeden Fall mussten meine Instrumente mit auf den Berg: Flügelhorn und Alphorn und ein paar Notensätze. Denn wenn es einen Ort auf der Welt gibt, an dem man Alphorn blasen sollte und wo man Weisen spielen konnte, dann doch auf der Alm. Ein paar Bücher packte ich ebenfalls in die Tasche – vielleicht würde mich abends oder wenn es regnete, die Lust zu lesen überkommen?

An Kleidung braucht man sehr wenig. Stallgwand, also Kleidung für die Stallarbeit: lange, strapazierfähige Hosen, alte T-Shirts und Blusen, warme Pullover und Jacken und einige Mützen und Kopftücher, um die Haare aus dem Gesicht zu halten und sich bei den Wanderungen über die Weiden gegen den Wind zu schützen. Gummistiefel für den Stall und die nassen Weidengänge, bequeme, eingelaufene Bergschuhe, wasserdichte Regenkleidung, kurze und lange Berghosen, Unterwäsche in allen »Wärmestufen« und natürlich ein Dirndlgwand, für das eine oder andere Almfest. Das gehört dazu.

Die gute alte Kernseife packte ich auch mit ein, damit konnte ich sowohl mich als auch mal schnell ein Wäscheteil waschen, ein paar Flaschen Shampoo, Zahnpasta, Gesichtscreme, Sonnenschutzmittel für den Anfang und eine kleine Hausapotheke: Tinkturen, Salben und Verbände für leichtere Verletzungen von Mensch – also ich – und Tier – also über 50 Rinder.

All das luden wir am Tag meines Abschieds von daheim in unseren großen Kastenwagen. Dazu meine liebe Katze Maunzi, die sich auf der Alm hoffentlich wohlfühlen würde – für sie hatte ich ein paar Großpackungen Trockenfutter dabei. Franz brachte die kostbare Fuhre mit dem Auto auf die Alm. Ich radelte mit meinem Mountainbike hinterher, das Radl brauchte ich, um schnell mal ins Tal fahren zu können – sei es zum Einkaufen, für einen Besuch daheim oder für einen Auftritt mit der Musik.

## ALMAUFTRIEB FRÜHER UND HEUTE

Der Almauftrieb findet meistens zwischen Mitte und Ende Mai statt – je nach Witterung und je nachdem, wie fortgeschritten die Vegetation ist. Die Kühe müssen ja von Anfang an genügend Gras auf der Weide finden. In den letzten Jahren hat sich der Zeitpunkt des Almauftriebs nach vorn verschoben – die Winter waren mild, es lag nicht viel Schnee, und die Almen konnten früher bestoßen werden als in sehr kalten und schneereichen Jahren.

Ich wollte lieber schon ein paar Tage vor dem Auftrieb auf der Alm sein, und so halte ich es auch heute noch. Das gibt mir Zeit, mich schon etwas einzugewöhnen, alles einzurichten, und ich kann mich, wenn es dann so weit ist, voll auf die Tiere konzentrieren. Unglaublich ruhig ist es in diesen ersten ein, zwei Tagen.

Da saß ich nun, vor meinem ersten Almsommer, abends allein in der Stube – draußen vor der Hütte war es noch viel zu kalt zum Sitzen. Mit klopfendem Herzen malte ich mir aus, was mich in den kommenden Monaten wohl erwarten würde: Würde ich das schaffen? Wieder einmal ging mir auf, wie groß das Vertrauen war, das der Bauer in mich setzte. Welche finanziellen Risiken auch in so vielen wertvollen Tieren steckten, für die ich nun hauptverantwortlich war. Hoffentlich würde alles gut gehen, hoffentlich würde ich die Tiere gut über den Sommer bringen und das Vertrauen des Bauern in mich nicht enttäuschen. Genauso wenig wie die großen Ansprüche, die ich selbst an mich stellte: meinen Ehrgeiz, nicht nur alles halbwegs gut rumzubringen, sondern eine hervorragende Almerin zu werden.

Bis vor ein paar Jahren wurden die Rinder wie in den Jahrhunderten zuvor noch zu Fuß aus dem Tal auf die Alm getrieben. Aber das hat sich als für Tiere und Treiber zu strapaziös herausgestellt. Die Wiesen der Nachbarbauern waren das eine Problem, die Tiere bedienten sich hier genüsslich an den feinen Blumen und Kräutern, trampelten das Gras platt und wollten erst mal nicht mehr weitergehen – für die Treiber ein hoffnungsloses Unterfangen. Wenn die Kolonne endlich auf dem schmalen Wanderweg im Wald angekommen war, wurden Mensch und Tier von Mückenschwärmen aus dem Unterholz heimgesucht. Das brachte Panik in die Herde, sodass das Weiterkommen richtig schwierig war. Endlich auf der Alm waren alle am Ende ihrer Kräfte und mit den Nerven fertig – deshalb macht Klaus den Almauftrieb seit einigen Jahren mit dem Viehanhänger. Er bringt die Tiere mit dem Transporter zur Rampoldalm hoch, nicht alle auf einmal, sondern immer nur wenige, an mehreren Tagen nacheinander. Dadurch ist die Herde ausgeglichener und beruhigt sich nach der großen Aufregung schneller. So wird es inzwischen auf den meisten Almen gehandhabt.

Zuerst kommen die Milchkühe. Es ist faszinierend, wie leicht sie sich zurechtfinden und sofort wieder eingewöhnen. Sie springen freudig aus dem Anhänger, denn sie wissen, was sie erwartet. Drei bis vier Almsommer haben sie hier ja schon hinter sich. Es ist lustig zuzusehen, wie sich zwei Kühe freuen können – wie kleine Kinder, die endlich raus zum Spielen dürfen.

# Alles rund um die Rampoldalm

Die Rampoldalm liegt auf 1244 Metern – das ist ganz schön hoch –, sagen Bekannte, die mich auf der Alm besuchen wollen. Für geübte Berggeher sind die eineinhalb oder zwei Stunden bergauf zwar ein Leichtes, aber um schnell mal nur so, nach der Arbeit, eine Tour zu machen, ist es doch zu viel. Deshalb kommen nach Feierabend vor allem Mountainbiker auf die Rampoldalm.

Als Almerin habe ich einen Almausweis, der mich berechtigt, mit dem Auto bis vor die Hüttentür zu fahren. Anders wäre es viel beschwerlicher, meine Vorräte und meine Habseligkeiten für die Almzeit nach oben zu schaffen. Ansonsten brauche ich auf der Alm kein Auto, bei mir steht nur das Mountainbike vor der Tür. Damit fahre ich hie und da für kleine Besorgungen oder zu einem Geburtstagskaffee ins Tal und strample dann zur Stallzeit wieder nach oben. Das letzte steile Stück schiebe ich mein Radl manchmal, es ist wirklich anstrengend, und wenn ich gleich anschließend zum Melken gehe, muss ich mit meinen Kräften haushalten.

## WEGE AUF DIE ALM

Auf meine Alm führen aus dem Tal zwei Wege herauf: Einer ist zwar stellenweise steil und natürlich nicht durchgehend geteert, aber dennoch mit einem normalen Auto befahrbar. Die Strecke verläuft schmal, und manchmal muss man einfach mutig Gas geben, damit man weiterkommt. Aber daran gewöhnt man sich schnell. Wenn man im Voralpenland wohnt, lässt es sich ja kaum vermeiden, dass man immer mal wieder steile Straßen bewältigt.

Früher mussten die Almer alles, was sie brauchten, entweder auf dem Rücken hinauftragen oder mit Lastpferden oder Eseln nach oben transportieren. Wenn ich mir solche Zeiten vorstelle, bin ich, ehrlich gesagt, schon dankbar, dass mein Almbauer mich regelmäßig trägerweise mit Getränken versorgen kann. Er nimmt dann gleich den Butter und Käse mit ins Tal. Ein- bis zweimal die Woche fährt mein Mann zu mir hinauf und bringt mir frisches Gemüse und Obst aus unserem Garten im Tal mit.

Der zweite Weg ist nicht mit dem Auto befahrbar. Der Forstweg endet gut hundert Meter Luftlinie unterhalb meiner Alm, bei meiner Nachbarin auf der Nordseite der Rampoldplatte. Von dieser Alm aus steigt man dann noch in ein paar steilen Kehren auf einem schönen Wiesenweg bis zu mir hoch.

Wer über diesen Weg kommt, steht erst einmal vor dem Stall. Der ist nämlich auf der Westseite an die Alm gebaut, er bildet sozusagen das Bollwerk der Almhütte, denn von Westen kommt das Wetter – der Regen, der Schnee, der Wind. Um die Alm herum geht man dann auf die Ostseite, wo vor dem Hütteneingang der schönste Platz ist: die Terrasse – früher sagte man »Vouhaagl« – mit freiem Blick weit nach Osten und Norden. Manchmal sehe ich von hier aus über hundert Kilometer weit: Im Nordwesten liegt München, die Landeshauptstadt, deren Lichter ich bei klarem Wetter am Horizont ahnen kann. Weit im Nordosten erkenne ich den Bayerischen Wald. Und nicht ganz so weit im Nordosten blicke ich über den gesamten Chiemsee, nach Osten ins Inntal und nach Südosten in die Berchtesgadener Berge.

Bei klarer Sicht erscheint Rosenheim ganz nah, von hier oben sind es nur viele helle Punkte in der Nacht, Gleiches gilt für die ferne Autobahn, die am Nordrand des Gebirges vorbeiführt. Und genauso wie die Dörfer im Inntaler und Chiemgauer Hügelland unmittelbar unterhalb erscheint auch die Auto-

bahn in der Dunkelheit wie eine ferne Seepromenade. Manchmal sieht sie wie das Glitzern der nächtlichen Wellen auf dem weiten Meer aus. Wirklich! Ich sitze regelmäßig vor meiner Hütte und schaue hinunter ins Dunkel über die hügeligen Vorberge bis ins Tal. Rund um mich ist dann nur Dunkelheit, keine Straßenlaternen, kein elektrisches Licht, und ich zünde oft nicht einmal eine Kerze an und benütze meine Taschenlampe nur, wenn es sein muss, damit es ganz finster um mich ist. Da breitet sich unter mir der riesige nachtblaue Teppich mit Tausenden von funkelnden Lichtlein aus – dann fühle ich mich wie am Ufer eines unendlich weiten Meeres und bin einfach nur glücklich. In diesen Momenten hier oben sein zu dürfen ist ein großes Geschenk. Auch meine Gäste sind von diesem Anblick immer wieder fasziniert. Das Schönste für mich ist, dass ich abends hier oben bleiben darf.

Wo sonst kann man das erleben: totale nächtliche Dunkelheit, bei klarem Wetter über mir nur die Sterne und unterhalb die Lichter der »Zivilisation«? Wenn Wolken am Himmel sind oder in nebligen Nächten nicht einmal das. Dann ist die Nacht komplett dunkel – schwarz wie die Nacht, heißt es. Unten im Tal erlebt man nur noch ganz selten, dass die Nacht wirklich schwarz ist. Wenn dann noch über den Wiesenbuckel das Geräusch von gemütlich mampfenden Kuhmäulern dringt, die eins nach dem anderen die feinen Almgrasbüschel abrupfen, wenn dazwischen ab und zu ein leises Glockenbimmeln zu hören ist, dann fühle ich mich am richtigen Platz. Behütet und beschützt von der Natur und den Tieren und dem Leben – das ist Glück, denke ich dann. Wenn ich in solchen Momenten überhaupt etwas denke – meistens fühle ich es einfach nur.

## ALMRUNDGANG

Auf der Almterrasse steht ein großer, alter Tisch mit zwei Bänken, auf denen meine Gäste Platz nehmen und auf denen ich sitze, wenn ich Feierabend habe. Oft jedenfalls, denn bei Kälte oder Regen sitze ich natürlich in der Almstube. Die Hütte steht hier am Hang ziemlich ausgesetzt, im Frühling und im Herbst wird es am Abend schnell kalt, und der Wind pfeift erbarmungslos um die Ecke. Vor der Hütte ist außerdem noch Brennholz zum Trocknen aufge-

stapelt – schön ordentlich, sodass es gerade bis unters Fenster reicht. Das Holz ist abgedeckt mit einem dicken, waagrechten Brett, das die Scheite gegen Regen und Schnee schützt. Das Brett dient mir aber auch als Ablagefläche. Darauf trocknen Milch-, Butter- und Käsegeschirr oder Käsetücher, Bürsten und alles, was luftig und sonnig und – dank des Dachvorsprungs – regengeschützt aufbewahrt

werden soll. Blumenkästen mit Gera-
nien und Kräutertöpfe finden dort
auch noch Platz. Direkt an der Terrasse
habe ich ein schmales Kräuter- und
Blumengärtchen angelegt, eigentlich
nur ein Beet, aber darin wächst alles,
was mir hier oben wirklich kostbar ist,
weil ich es täglich zum Kochen und
für die Zubereitung von Tee verwende: Ringelblumen und Kornblumen,
Borretsch, Schnittlauch, Petersilie, Zit-
ronenmelisse und ein paar Sommerblumen, die auch hier oben gedeihen. Die
Terrasse und der kleine Vorplatz sind von einem Zaun umgeben, sodass die
Kühe nur bis zum hinteren Bereich der Almhütte gelangen, dem Stall.

Vor dem Stalleingang steht eine Viehtränke, ein Brunnen, der aus einem
riesigen Holzstamm gearbeitet ist. Er ist immer mit Wasser gefüllt. So können
die Tiere schon ihren Durst löschen, wenn sie noch vor dem verschlossenen
Stall stehen und aufs Melken warten.

Meine Alm verfügt über fließendes Wasser in der Küche und sogar im
Bad – was nicht selbstverständlich ist. Diesen Luxus hat der Almbauer vor Jahren schon für seine Almerinnen eingebaut, und dafür sind wir ihm sehr dankbar. Ich genieße es wirklich, an kalten Tagen meine Haare mit warmem Wasser
waschen zu können, mich unter der Dusche richtig aufzuwärmen. Auf vielen
Almen ist es noch so wie früher: Da gibt es nur einen Wassertrog vor der Alm,
aber keine Wasserstelle in der Hütte. Und an diesem Trog muss die Almerin sich
selbst, das Geschirr und ihre Kleidung waschen.

Allerdings nehme ich es, wie es kommt. Das ist für mich eine Herausforderung: Wenn es nur kaltes Wasser gibt, ist das völlig in Ordnung, damit komme ich
gut zurecht. Früher gab es auf keiner Alm eine heiße Dusche, und ich finde, das
muss auch nicht sein. Das Leben auf einer Alm war schon immer einfach, und ein
Teil meiner Liebe zum Almleben rührt daher, dass ich mich diesem einfachen
Leben stellen möchte. Es hat für mich einen gewissen Reiz, zu testen, wie ich
damit umgehen kann. Lieber freue ich mich über das gute, klare Quellwasser, statt
mich zu grämen, dass es kalt ist.

## HÜTTENFÜHRUNG

Wenn man in die Stube tritt, sieht man auf der rechten Seite das Herzstück der Alm, den riesigen Herd mit einem langen Ofenrohr in den Kamin. Er ist Wärmequelle und Kochstelle in einem, hier brennt die ganze Almsaison über ein Feuer – von halb fünf Uhr früh oft bis spät in die Nacht, da man ja zum Spülen des Milch- und Käsegeschirrs morgens und abends heißes Wasser braucht. In der Stube ist es deshalb immer wohlig warm, ganz gleich, ob draußen 25 oder minus fünf Grad herrschen. An der hinteren Wand der Stube, rechts, über Eck mit dem Herd, ist die Spüle: Hier stehen, wenn nicht gerade abgespült wird, verschiedene Käseformen und der Topfen zum Abtropfen. Darüber ein Bord mit den wichtigsten Utensilien, von der Schöpfkelle bis zum Milchthermometer. Links daneben befindet sich schon die Tür zum Stall. Anschließend, an der gleichen Wand links das zweite Herzstück der Stube: die ehrwürdige gusseiserne Zentrifuge, fast so hoch, wie ich groß bin. Oben schütte ich die frisch gemolkene Milch hinein – der Trichter fasst rund 30 Liter –, und unten kommt sie in ihre beiden Bestandteile getrennt wieder heraus: rechts der Ausfluss für die Magermilch und links der Hahn für den Rahm, die Sahne. Daraus wird dann der Butter gemacht. So ganz von selber läuft die Zentrifuge natürlich nicht: Sie hat eine Handkurbel, die ich kräftig drehen muss, das braucht Kraft – doch dazu später mehr.

Neben der Zentrifuge, an der linken Stubenwand, wird im schönen, alten Küchenbüfett das Ess- und Kochgeschirr aufbewahrt: oben, im Vitrinenaufsatz, die Tassen und Kannen, Gläser und Krüge; unten, hinter den beiden Schranktüren, die Teller und Brotzeitbrettl, die Töpfe und Pfannen. Ich weiß nicht, wie oft ich den gesamten Satz Gläser, Brettl und Teller durchgespült habe: einige Hundert Male? Wenn ich im Sommer viele Wanderer bewirte, kann es schon sein, dass mir zwischendurch einmal das Geschirr ausgeht.

In der vorderen Stubenecke, gleich links vom Eingang, steht der große, schwere Holztisch mit einer gemütlichen Eckbank entlang der Stubenwand. An diesem Tisch wird nicht nur gegessen und getrunken, geratscht und gelesen. Es ist auch der Arbeitstisch. Die einzige Arbeitsfläche im Raum, der Küche und Stube, Arbeits- und Wohnzimmer gleichzeitig ist. An dem Tisch knete ich Brot- und Strudelteig, hier portioniere und verziere ich den Butter, hier schrei-

be ich meine Rezepte auf und schneide die Kräuter für Tee und Tinkturen
klein. Ein Tisch genau so, wie ich ihn gern mag: mit einer dicken, massiven
Holzplatte. Obwohl er noch keine Antiquität ist, hat der Tisch schon ein
»Gesicht«; er ist nicht mehr nagelneu, und die Gebrauchsspuren erzählen von
seiner Geschichte. Man sieht Messerschnitte und Kerben, die vielleicht von
einer Kurbel oder einem Werkzeug stammen. Es macht mir Freude, auf der
blank gescheuerten Holzplatte Hefeteig zu kneten oder einen Strudelteig
hauchdünn auszuziehen. Das Holz lebt, und mit jedem Strudelteig mehr wird
die Patina schöner.

Die Zimmerecke oberhalb des Tischs ist traditionell der Platz für den Herrgottswinkel. Das ist auf der Alm nicht anders als im Tal. Nur, dass man sich hier oben dem Herrgott vielleicht noch ein Stückchen näher fühlt als drunten. Die eine Almerin ist gläubiger, die andere weniger. Doch wenn ein starkes Unwetter aufzieht, zündet noch jede Sennerin die schwarze Wetterkerze an. Diese schlichten oder mit einem Gnadenbild verzierten, aber immer rabenschwarzen Kerzen kennt man im Alpenraum schon seit dem 16. Jahrhundert. Wer sie anzündet, bittet darum, dass Felder, Haus und Hof, Mensch und Tier vor Schaden bewahrt werden. Neben der Tür hängt ein Kreuz mit einem frommen Spruch: »Herr, segne dieses Haus und alle, die da gehen ein und aus.« Es ist ein tröstlicher Spruch, der mir das Gefühl gibt, dass da noch jemand ist, der auf einen aufpasst.

Auf dem Bord an der Wand stehen auch noch ein paar unscheinbare Dinge, die man täglich braucht, ebenso wie Erinnerungsstücke: die Kerzen für sturmumtoste Nächte, Zündhölzer, Geburtstagskarten und ein getrocknetes Sträußchen mit Bergblumen, das vielleicht einmal ein Geschenk war von einem Besucher, der der Almerin viel bedeutet hat.

Überm Tisch hängt die Stubenlampe, die, wenn die Sonne ausreichend scheint, von der Solarzelle auf dem Dach gespeist wird. Sie gibt einen Abend lang etwas Licht, das immerhin heller ist als der Schein einer Kerze.

Vom Tisch aus fällt der Blick gegenüber auf die schmalen, steilen Stufen, die treppab in den Käsekeller führen. Dieser Keller ist der kälteste Platz in der Alm und dient deshalb zum Aufbewahren verderblicher Lebensmittel. Außerdem ist er, wie der Name schon sagt, der Ort, an dem der Käse reift. Der Treppenabstieg in den Keller lässt sich mit einer Falltür schließen. Das macht man gern in der kalten Jahreszeit, wenn die Luft von unten empfindlich frisch in die Stube zieht. Im Keller stehen auch die Getränkekästen mit Bier und Limo für die Gäste. Dort bewahre ich auch das Gemüse und den Salat auf, meine kostbaren Vitaminlieferanten, die mir mein

Mann mitbringt oder die Almbäuerin hochschickt. Und das Wichtigste: Dort lagert der Rahm aus der Zentrifuge 24 bis 48 Stunden lang, bis er gut ist zum Buttern, und auch die Käse lagern dort in allen Reifestadien. Der Keller ist klein und niedrig, und wer durch die Tür geht, muss den Kopf einziehen. Am Anfang stößt sich jeder ein paar Mal den Kopf, doch nach den ersten schmerzhaften Erfahrungen lernt man

schnell. Das häufige treppauf, treppab über die steilen Stufen samt Kopfeinziehen geht anfangs ganz schön in die Beine und ins Kreuz, zumal man meist noch etwas Schweres in den Händen hat – einen Eimer voll Rahm oder ein volles Tragerl Bier.

Vom »Herz« der Almhütte, der Stube, führen insgesamt vier Türen weg – mit der Eingangstür fünf! Auf der rechten Seite befindet sich außer dem Abgang zum Käsekeller noch die Tür zur Schlafkammer der Sennerin. Zwischen Herd und Spüle geht es zwei Stufen hoch in den schmalen, niedrigen Raum, der gerade so lang ist, dass der Länge nach ein Bett und ein Tisch hintereinander hineinpassen und so breit, dass man neben dem Bett noch vorbeigehen und sich neben dem Tisch auf eine schmale Bank setzen kann. Die Schlafkammer ist mein ganz privater Rückzugsraum, der für die knapp fünf Almmonate nur mir zur Verfügung steht. Hier bewahre ich meine Kleidung und meine ganz persönlichen Dinge auf. Aber außer zum Schlafen bin ich hier nie. Wenn es sehr kalt ist, kann man die Tür zwischen Kammer und Stube offen lassen, und da der Herd ja direkt neben der Tür steht, zieht die Wärme schnell in die kleine Schlafkammer. Aber um sich tagsüber darin aufzuhalten, ist der Raum zu klein und zu dunkel. Außerdem ist das der einzige Ort in der Hütte, an dem ich auch mal etwas rumliegen lasse – ein offenes Buch oder ein paar Kleidungsstücke –, Schrank passt ja keiner hinein. Alle anderen Räume versuche ich sauber und ordentlich zu halten. Erstens mag ich es gern aufgeräumt, zweitens bin ich hier selbst nur Gast und ehre und achte den Besitz meines Bauern, indem ich ihn pflege. Und darüber hinaus muss ich allein schon wegen der

Milchverarbeitung in der Stube richtig streng auf Sauberkeit und Ordnung achten.

Denn die nächste Tür, gegenüber der Eingangstür, zwischen Zentrifuge und Spüle, führt wie gesagt direkt in den Stall. Natürlich gehe ich viele Male am Tag von der Stube in den Stall und umgekehrt. Doch versuche ich immer, die Tür möglichst nur kurz zu öffnen und immer geschlossen zu halten. Der Stallgeruch kommt trotzdem durch, das ist klar. Aber das stört mich auch nicht. Ich finde, Kühe riechen gut. Ein Stall, in dem die Kühe nur relativ kurze Zeit stehen, nachdem sie von der sonnigen Weide kommen, hat einen neutralen Geruch. Dazu trägt sicher auch das gute, gesunde Futter bei, das sich die Kühe auf den Almwie-sen suchen. Außerdem putze ich den Stall ja zweimal am Tag gründlich. Trotz-dem und unvermeidbar sind natürlich die Fliegen im Stall. Die verschwinden auch tagsüber nicht, wenn der Stall geputzt ist und die Kühe draußen sind. Und Fliegen in einer Milch- und Käseküche kann keiner brauchen – das ist der Hauptgrund dafür, dass die Verbindungstür zur Stube nicht offen stehen bleiben darf.

Um ins Bad zu kommen, muss ich ein paar Meter durch den Stall gehen. Das hat der Almbauer vor einigen Jahren eingebaut, mit Wasserklosett, Dusche und Handwaschbecken. Wenn ich morgens und abends das Notstromaggregat anschalte und die Melkmaschine in Betrieb nehme, heizt sich sogar das Duschwasser auf. Dann könnte ich anschließend warm duschen. Das mache ich aber nur, wenn es draußen sehr kalt ist oder wenn ich mir die Haare waschen möchte. Ansonsten liebe ich es, mich mit dem kühlen, klaren Bergwasser zu waschen und zu erfrischen. Aber ich könnte, wenn ich wollte!

Mitten im Stall führt eine Leiter auf den Heuboden. Dort wird das Heu für die Kälber und die Milchkühe gelagert. Durch die Luke wird es einfach von oben hinuntergeworfen und in die Futtertröge der Tiere verteilt. Vom Stall führt eine Extratüre nach draußen auf den Vorplatz, wo die Viehtränke steht.

Die vierte Tür, nach Käsekeller, Schlafkammer und Stall, öffnet sich an der linken Stubenwand. Sie führt in die Speisekammer, in der alle Vorräte lagern außer denen, die im Käsekeller aufbewahrt werden. In der Speis, wie wir in Bayern sagen, lagere ich das Brot und alles Eingemachte, das ich mir aus dem Tal mitbringe – von Marmeladen über Kompott und eingelegte Gurken beispielsweise. Außerdem natürlich Trockenvorräte wie Nudeln, Reis, Haferflocken und Müsli, meine Mehlsäcke und Getreide, Backzutaten, und ganz oben auf dem Regalbrett stehen die Schnapsvorräte. Die Speis ist der einzige Raum mit einem Fliegengitter-Fenster, denn hier herein sollen sich natürlich auch keine Insekten verirren.

Mitten in der Speis beginnt die extrem schmale und extrem steile Treppe, die unters Dach führt, in das Schlaflager unter der Dachschräge. Auch hier erwartet einen wieder ein sehr niedriger Durchlass – ich kann mich an niemanden erinnern, der sich hier nicht mindestens einmal, trotz vorheriger Warnung, gehörig den Kopf gestoßen hätte. Oben unterm Dach können ein halbes Dutzend Leute schlafen, hier stehen Betten mit Kissen und warmen Decken – die ganze Bauernfamilie könnte hier nächtigen, wenn es einmal spät wird beim Feiern auf der Alm. Denn vermietet wird hier nicht, zahlende Übernachtungsgäste gibt es nicht auf der Rampoldalm. Durch das einzige Fenster geht der Blick über einen üppig blühenden Geranienkasten hinweg direkt in die Inntaler Berge: Wie im Heimatfilm denke ich mir manchmal, wenn ich hier oben nach dem Rechten sehe und die Blumen vor dem Fenster gieße.

## DAS ALMGEBIET

Das gesamte Almgebiet, für das ich zuständig bin, umfasst 40 Hektar, davon sind vier Hektar Wald. 40 Hektar, ich habe mir das mal umgerechnet, um es mir besser vorstellen zu können, das wären etwa 56 Fußballfelder. Aber halt nicht ebene Flächen, sondern verteilt auf Hügel und Felsen, senkrechte Hänge und sanfte Wiesen – ein ständiges bergauf und bergab. Das Almgebiet ist komplett eingezäunt, man kann sich also vorstellen, wie lang die Zäune sind. Auch die zu kontrollieren ist meine Aufgabe. Außerdem gehe ich fast täglich zu den über die Almfläche verteilten wasserführenden Brunnen für die

Rinder. Denn falls diese verstopft sind, muss schnell gehandelt werden.

Direkt hinter der Alm, auf der Südseite, ragt die Rampoldplatte auf – ein nur in der engeren Region bekannter Gipfel, aber immerhin ein kleiner Felsenaufbau mit einem Gipfelkreuz, in 1422 Metern Meereshöhe. Auf meinem Weg zu den Kühen sehe ich auch, bald nachdem ich die Hütte verlassen habe, den Gipfel des Wendelsteins, der dem ganzen Gebiet seinen Namen gegeben hat. Er liegt hinter »meinem« Hausberg, und wenn ich es schaffe, zum Sonnenuntergang auf die Rampoldplatte hinaufzusteigen, erstrahlt der Wendelstein in einem unwirklichen Abendrot, wie man es nur an felsigen Berggipfeln sieht.

In die andere Richtung, nach Norden, Richtung Chiemsee und Simssee, sehe ich auch von der Hütte aus die Vorberge und Kuppen, die dann langsam das Auge ins Tal lenken. Auf einem der nächsten Hügel liegt ziemlich exponiert auf der Hügelkuppe die Huberalm mit der Almerin Pia, die ich sehr gern an verregneten Tagen auf einen Kaffeeratsch besuche. Mit Pia habe ich während meiner Almsommer viele Stunden verbracht. Die Huberalm ist die einzige, die ich quasi von überall rund um meine Hütte sehe. Die Alm direkt unterhalb von mir sehe ich nur, wenn ich mich auf der Terrasse nach vorn beuge – so steil fallen die Wiesen hier ab. Diese beiden sind die nächstliegenden Almen, und in ungefähr 20 beziehungsweise 40 Gehminuten wäre ich dort.

Mit einem guten Fernglas sehe ich sogar bis zu mir nach Hause. Wirklich! Ich wohne in einem kleinen Dorf in der Nähe des Simssees, und der Simssee liegt mir ja fast zu Füßen und schimmert hellblau, wenn die gleißende Sommersonne auf ihn scheint.

# Die tierischen Almbewohner

$\mathcal{D}$ie Tiere sind das Wichtigste auf der Alm. Mich um die Kühe zu kümmern, die Almhütte und das Weidegebiet zu pflegen und Butter herzustellen – das sind meine Hauptaufgaben. Genau in dieser Reihenfolge.

Zwei Milchkühe, 40 Kalbinnen und zehn Kälber gehören zur Viehherde, auf Bairisch: zwoa Kia, 40 Koima, zehn Kaiwe. Die Milchkühe werden morgens und abends gemolken. Kalbinnen oder Koima vergleiche ich gern mit Jugendlichen: Sie sind keine kleinen Kälber mehr, haben aber auch noch nicht gekalbt, was sie dann zu Kühen macht. Und Kälber heißen nur die ganz jungen Tiere, die sind noch kein Jahr alt. Ab einem Alter von etwa vier Monaten dürfen sie auf die Alm.

Zwei Milchkühe – das hört sich für die meisten Menschen nach nicht viel an, doch das Verarbeiten von täglich 40 bis 50 Litern Milch nimmt sehr viel Zeit in Anspruch. Ich melke zwar nicht mehr von Hand, sondern mit der Melkmaschine. Aber durch den engen Kontakt beim Melken, zweimal täglich, ist meine Beziehung zu den Milchkühen viel inniger als die zu den Kalbinnen, die nur draußen unterwegs sind. Die Milchkühe haben auch Namen, im Gegensatz zu den Kalbinnen und den Kälbern. Erst nach dem ersten Kalben werden sie benannt. Knuffi und Sarah heißen meine im dritten Jahr, eigentlich

Susi und Sarah. Knuffi habe ich umgetauft, weil sie so knuffig ist. Sie stupst mich mit ihrer weichen, feuchten Schnauze liebevoll an, wenn ich ihr über die Stirn streichle und ihr die Stirnlocken kraule. Knuffi habe ich, schon als sie noch ein Kälbchen war, auf der Alm liebgewonnen, und seither sind wir sehr vertraut miteinander. Als Knuffi noch klein war, im zweiten Almjahr, war Gesa meine Lieblingskuh, für die ich später beim Almabtrieb den schönsten Schmuck angefertigt habe.

Wer schon einmal auf der Alm gearbeitet hat, lässt den Ausspruch »dumme Kuh« nicht mehr gelten. Kühe sind intelligent. Jede Kuh hat ihren eigenen Charakter, und jede Kuh tickt anders – das ist wie bei uns Menschen. Kühe lernen schnell und vergessen das Gelernte nicht. Ich denke mir das immer nach dem Almauftrieb: Die Milchkühe, die schon einen oder mehrere Almsommer hinter sich haben, erinnern sich nach dem langen Winter genau, wo die verschiedenen Brunnen mit frischem Wasser zu finden sind, die windgeschützten Plätze bei Gewitter oder ein Grat, auf dem ordentlich der Wind pfeift, wenn im Sommer die Bremsen lästig werden. Die Kälber, die eine Woche später auf die Alm gebracht werden, laufen bald mit der gesamten Herde mit und werden von den »Alten« angelernt. Mich faszinieren das gute Gedächtnis der Tiere und ihr untrüglicher Instinkt. Die Brunnen sind weitläufig auf den 40 Hektar Almfläche verteilt und zum Teil schwer zugänglich. Und doch haben die Tiere keinerlei Schwierigkeiten, sie im Folgejahr wiederzufinden.

Die Milchkühe wissen schon beim Hochfahren, was auf sie zukommt. Sobald sich der Viehanhänger öffnet, marschieren sie eilig heraus und freuen sich auf die Sommerweide. Wie wild laufen und springen sie auf der Weide auf und ab. Das Adrenalin, das sich durch den Stress beim Transport gebildet hat, muss abgebaut werden. Oft denke ich mir, der Mensch könnte von den Tieren wieder viel Natürlichkeit lernen. Denn was macht der Mensch, um sein Stresshormon Adrenalin abzubauen? Nur wenige ziehen sich die Laufschuhe an und bewegen sich.

Wie bei den Menschen beginnen dann, in der neu zusammengewürfelten Gruppe, auf der Alm erst einmal die Machtkämpfe unter den Tieren. Die Hierarchie wird gleich zu Anfang festgelegt, denn auch unter den Kühen gibt es Alphatiere, die sagen, wo es langgeht, und Mitläufer. Für mich ist das sehr spannend zu beobachten. Sobald die Rangordnung geklärt ist, kommt es nur noch

zu kleinen Rangeleien, und die Herde wächst zusammen. Die Tiere finden sich meist zu zwei bis drei Gruppen zusammen, die immer beieinanderbleiben und gemeinsam über die Almfläche ziehen. Das ist beim täglichen Zählen eine große Erleichterung.

Zu meinen beiden Milchkühen ist die Beziehung natürlich am engsten. Durch das zweimalige Melken jeden Tag kenne ich die beiden einfach sehr gut und sie mich. Es ist eine Tätigkeit, die ich gern mag. Wenn ich eine Kuh melke, dann spreche ich leise mit ihr, rede ihr gut zu und lehne, während ich das Milchgeschirr anstecke, meinen Kopf an ihren dicken, weichen Bauch. Das schafft Vertrauen – bei ihr und bei mir. Wichtig ist, dass ich nicht hektisch werde. Das spüren die Tiere, und darauf reagieren sie sofort – mit Unruhe und Nervosität. Oder mit Sturheit. Manchmal hatte ich den Eindruck, dass sie auf Hektik von meiner Seite mit einer Extraportion Langsamkeit antworten.

Kühe haben eine beruhigende Wirkung auf mich, wie auf die meisten Menschen. Doch dieser Effekt setzte bei mir erst nach einer harten Bewährungsprobe ein. Zu Beginn meiner Zeit als Almerin war ich sehr bemüht, die viele Arbeit durch ein straffes Zeitmanagement gut zu bewältigen. Wäre doch gelacht, ich habe ja schon andere Aufgaben gestemmt. So bin ich morgens losgestapft, um die Kühe zum Melken in den Stall zu holen. Besonders bei angenehmem, trockenem Wetter ruhen sie dann noch gemütlich auf der Weide und machen keinerlei Anstalten aufzustehen. Sie wissen genau, wie es jetzt weitergehen soll, lassen sich aber sehr bitten und brauchen gefühlt eine Ewigkeit, bis sie sich erheben und noch einmal so lang, bis sie sich endlich in Bewegung setzen. Stressen lassen sie sich dabei nicht. Aber sie spüren meine Ungeduld und mein Drängen. Zuerst absolvieren sie noch in aller Ruhe ihre Morgentoilette, erst dann bewegt sich die Leitkuh in Richtung Alm – aber auch nicht zügig, im Gegenteil. Ständig wird noch das eine oder andere Kräutlein auf dem Weg abgerupft. Erst allmählich habe ich gelernt, mich hier in Geduld zu üben, mich den Tieren und ihrer Natur anzupassen und nicht weiter zu versuchen, die Tiere meinem Rhythmus anpassen zu wollen. Die Uhr darf hier keine Rolle spielen. Ich brauchte tatsächlich einige Wochen, bis ich loslassen und die neue Langsamkeit dann sogar genießen konnte. Anfangs drängte ich die Kühe zum Schnellergehen, dazu, nicht ständig haltzumachen. Meine Ungeduld stieg mit jedem langsam zurückgelegten Meter und damit die Unzufriedenheit und der Stress. Als mir das bewusst wurde, machte ich mir klar: Das muss ich an mir ändern, die Kühe lassen sich da kaum beeinflussen. Meist reagieren sie sogar sehr launisch darauf, was im Endeffekt nur noch mehr Zeit und Nerven kostet. Außerdem gehe ich ja auf die Alm, um die Natur intensiver wahrzunehmen und um gelassener zu werden. Diese Erkenntnis war der Wendepunkt. Ich versuchte, die Wartezeit, die die Kühe mir vorgaben, zu nutzen: So steckte ich mir die Kräuter in die Tasche, die ich unterwegs fand, ich achtete auf meine Atmung und atmete freudig und ganz bewusst die gute Luft. Ich verfolgte aufmerksam den wunderbaren Sonnenaufgang – oder ich tat einfach gar nichts. Die Tiere spürten meine veränderte Einstellung, und wir wuchsen langsam zu einem Team zusammen. Sie hielten mir einen Spiegel vor die Nase und ließen mich spüren, dass ich so nicht mit ihnen umgehen konnte. Genau genommen ist der Zeitverlust durch die trödeligen Kühe auch minimal. Ich aber tanke in diesen Morgenstunden meine Batterien für den langen Tag auf, und ich brauche das inzwischen ganz dringend. Hier wird mir täglich bewusst, was Achtsamkeit bedeutet. Die Kühe wirken nun absolut beruhigend auf mich.

## KÜHE SIND SENSIBEL UND KLUG

Schaut man in die großen, dunklen Kulleraugen einer Kuh, weiß man, dass das die Wahrheit ist. Und mit diesem Blick kann sie auch Menschen, zumindest mich, richtiggehend beseelen.

Es gibt Zeiten, in denen meine Kraftreserven ziemlich am Ende sind. An einem Abend nach dem Melken, in meinem zweiten Almjahr, war dieser Punkt erreicht. Schlafmangel von vielen zu kurzen Nächten setzte mir zusätzlich zu. Der Stall und der Betonboden auf dem Vorplatz rund um den Brunnen mussten noch mit Wasser geschrubbt werden. Mir wurde alles zu viel. Es war auch das Jahr, in dem ich zusätzlich zu den Kühen noch meine sieben Ziegen dabeihatte, die mich an den Rand meiner Kräfte brachten. Ich setzte mich im Stall, so wie ich war, einfach auf den Boden und heulte mich richtig aus. In diesem Moment kam Knuffi, meine Lieblingskuh, von hinten auf mich zu getrottet und stieß mich sanft mit ihrem Kopf an. Jetzt öffneten sich alle Tränenschleusen – mit einer solchen empathischen Reaktion einer Kuh hätte ich niemals gerechnet. Mir ging regelrecht das Herz auf, ich musste lächeln unter meinem Tränenschleier und schlang meine Arme zärtlich um ihren riesigen Kopf. Dieses Erlebnis werde ich nie vergessen.

Um die Milchkühe kümmere ich mich natürlich immer besonders intensiv – sie sollen ja auch in etwa ihre Milchleistung halten, die bei zu viel Aufregung und Stress zurückgeht. Zum Ende der Almzeit lässt sie natürlicherweise nach – einfach, weil weniger nahrhaftes Gras zur Verfügung steht.

Im Hochsommer werden die Bremsen sehr lästig. Im Tal lernt man die Bremsen vor allem an warmen Sommertagen kennen, wenn man am See schwimmen geht. Auf der Alm haben wir es mit der Rinderbremse zu tun. Sie wird bis zu 25 Millimeter groß und plagt die Milchkühe, aber auch die Kalbinnen und die Kälber. Vor allem am Rücken, an den Fesseln und am Euter der Kühe sitzen sie und stechen, was erst schmerzhaft ist und später Juckreiz hervorruft. Die Tiere werden dabei sehr unruhig, fressen und ruhen dadurch weniger. Zwar stellen sich die schlauen Kühe dann gern an einen möglichst zugigen Ort in der Hoffnung, dass der Wind die Bremsen vertreibt. Das funktioniert aber nicht immer. Manchmal, wenn es allzu schlimm wird, besprühe ich das Jungvieh mit Dieselbenzin aus einer Zerstäuberflasche. Das hilft eine Weile, der Effekt hält aber leider nicht sehr lange an. Wenn alles nichts nützt, wandern die Tiere Richtung Almhütte, auch wenn es noch lange nicht Zeit zum Melken ist. Dicht an die Stalltür gedrängt signalisieren sie mir: Mach uns die Stalltür auf, wir wollen rein! Kühe und Kälber dürfen dann auch untertags in den Stall, wo ihnen die Bremsen nicht so zusetzen. Nach dem abendlichen Melken ist die Plage dann nicht mehr so schlimm, denn es wird kühler, und das mögen die Bremsen nicht. Dann gehen die Tiere wieder hinaus auf die Weide und grasen nachts umso intensiver.

Das Blickfeld einer Kuh umfasst 320 Grad, das heißt, dass mich die Kuh noch aus dem Augenwinkel sieht, wenn ich hinter ihr stehe. Ihre Sehschärfe ist dagegen sehr eingeschränkt, sie nimmt mich als Umriss wahr, erkennt mich aber nicht als scharfes Bild. Dafür besitzen Kühe einen guten Hör- und einen noch feineren Geruchssinn. Das wusste ich zwar theoretisch, aber praktisch erfuhr ich das an einem nebligen, verregneten Morgen.

Ich zog los, um Knuffi und Sarah zum Melken zu holen. Bei dem Wetter werden sie sich sicher untergestellt haben, dachte ich mir, und damit lag ich richtig. Ich fand sie unterhalb der Alm in einem kleinen Waldstück stehen. Durch das dichte Blätterdach war die Stelle relativ trocken, windstill und spürbar milder als rund um die frei stehende Almhütte. Dort blies der nasskalte Regenwind unangenehm über die Wiesen. Die Kühe waren ja auf der Alm daheim und kannten ihre Plätze. Als ich sie wie gewohnt zur Hütte treiben wollte, ging Sarah los und schlug einen ganz anderen Weg als sonst ein. Knuffi blieb wie angewurzelt stehen, als ob sie sich wundern würde, was das werden soll. Beim Heimtreiben zur Alm gehen die Kühe normalerweise immer den gleichen bekannten Weg, den, der nördlich über den Brunnen führt. Doch heute Morgen war das anders. Die Sicht war wegen des Nebels gleich null, und so beschloss ich, erst einmal Sarah alleine heimzutreiben in der Hoffnung, dass Knuffi ihr dann schon folgen würde. Sarah führte mich, stur wie sie war, in die entgegengesetzte Richtung durch eine große Feuchtwiese bergauf, unter einem tief hängenden, riesigen Ast hindurch Richtung Fahrweg. Dann nahm sie zielstrebig den Fahrweg auf die Alm zu. Erst auf den letzten Metern gab der Nebel die Sicht auf die Alm

frei. Den Weg waren die Kühe noch nie gegangen – vielleicht hatte Sarah einfach keine Lust, weiter als nötig durch die nasse Wiese zu marschieren? Glücklich im Stall angekommen machte sie sich über das Kraftfutter her, das ich schon in den Futtertrog gefüllt hatte – für zwei Kühe. Sie dachte wohl, dass sie das heute allein auffressen könnte. Knuffi war uns wider Erwarten nicht gefolgt, und so machte ich mich erneut auf den Weg Richtung Wald. Diese Aktion würde mich mindestens eine Stunde kosten, hoffentlich würde ich das Tier im Nebel finden. Die Kuh stand immer noch auf demselben Platz, an dem wir sie verlassen hatten, sie schrie nach ihrer Gefährtin Sarah und war sichtlich irritiert. Auch sie wollte nicht auf dem gewohnten Weg heimgehen. Wie ein Hund schnüffelte sie den Boden ab und bewegte sich auf der exakt gleichen Spur zurück wie vor ihr Sarah. Sogar unter dem tief hängenden Ast wand sie sich durch, weiter ging es zum Fahrweg und heim in den Stall. Diese Erfahrung fasziniert mich bis heute. So deutlich hatte ich bis jetzt nicht erlebt, wie gut sowohl der Geruchssinn als auch der Instinkt der Kühe funktioniert.

# GROSSES UNGLÜCK
# IM ERSTEN JAHR

*E*s war in meinem ersten Almsommer am 25. Juni, zwei Tage vor meinem Geburtstag.

Am Abend zuvor hatte es ein heftiges Gewitter mit Hagel gegeben. Die Koima waren draußen über Nacht, und ich hoffte, dass sie sich irgendwo an einer geschützten Stelle befunden hatten, als das Gewitter einsetzte. Bei starkem Regen sind die Tiere immer gefährdet, vor allem, wenn sie sich gerade an besonders ausgesetzten Stellen befinden. So eine große Kalbin wiegt zwischen 500 und 600 Kilogramm und kann, wenn Panik unter den Tieren ausbricht, leicht abstürzen. Am Abend zuvor hatte ich noch alle Tiere durchgezählt – es waren genau 50, sie waren alle da.

Am nächsten Morgen hatte ich mich gerade auf den Weg gemacht, um meine Milchkühe zum Melken in den Stall zu holen, als mich mein Bauer auf dem Handy anrief: Ob mir eine Kalbin fehle, wollte er wissen. Ich spürte einen Stich in der Magengegend und wusste, dass diese Frage nichts Gutes bedeutete. Auf der Nachbaralm, fast 300 Höhenmeter tiefer, war ein totes Tier gefunden worden. Anhand der Ohrmarkennummer wusste ich sofort, dass sie zu uns gehörte.

Der Almbesitzer der unteren Alm, der die Kalbin gefunden hatte, ging mir entgegen und zeigte mir die Stelle. Beim Anblick des toten Tieres konnte ich meine Tränen nicht mehr zurückhalten. Eine hochträchtige, gut gewachsene Kalbin lag vor mir, sie war an einen Baum geprallt und inzwischen stark aufgebläht. Wir gingen, den Absturzspuren folgend, einen steilen, bewaldeten Hang hoch und rekonstruierten den Hergang. Sie musste sich vor dem Absturz direkt auf dem schmalen Grat hoch über uns befunden haben. Bei dem heftigen Unwetter wollte sie wohl in Panik fliehen und rutschte aus – den ganzen steilen Hang bis auf den Wanderweg hinunter. Dort riss sie den stabilen Weidezaun durch und kugelte durch den steil abfallenden Bergwald weitere 200 Meter talwärts, bis sie in einem weniger steilen Waldstück zu liegen

kam. Kaum zu glauben, dass sie nicht schon an den ersten Bäumen hängen geblieben war.

Der Amtstierarzt wurde informiert, um die Art der Bergung zu klären. Wegen der Lage der Absturzstelle in einem quellenreichen Gebiet, weit entfernt von jedem Weg, der mit einem Fahrzeug zugänglich gewesen wäre, wurde ein Hubschrauber angefordert.

Eine solche Aktion erlebt man nicht alle Tage, ich kann auch gern auf ein weiteres Mal verzichten. Der Hubschrauber landete zunächst bei der Almhütte. Die Hubschrauberkapazität war grenzwertig für das schwere Tier, doch ein größerer Helikopter stand momentan nicht zur Verfügung. Außerdem war es ein heißer Sommertag – ich hörte erstaunt, dass die Luft bei Hitze dünner ist und die Leistung des Hubschraubers damit geringer. So bauten die beiden Piloten erst einmal alle momentan nicht benötigten Bestandteile des Helikopters – leere Sitze und Außentüren – aus und deponierten sie ebenso wie mehrere Kanister Kerosin und Werkzeug an der Hütte. Damit sparte man Gewicht ein, um die Chance der Bergung zu erhöhen. Bei der Bergungsaktion durfte ich mitfliegen, um dem Piloten den genauen Standort zu zeigen. So ein Hubschrauber fliegt wahnsinnig schnell, wenn man normalerweise nur zu Fuß unterwegs ist. Und so übersah ich beim ersten Anflug die richtige Stelle, der Pilot machte lachend eine Kehrtwende.

Die Bergung war eine Meisterleistung der beiden Piloten, da meine tote Kalbin ja mitten im Wald lag. Nur mit größter Mühe gelang es, das Tier hochzuziehen und an einen zugänglicheren Ort zu fliegen. Der Bauer wartete dort schon mit seinem Traktor, wo es punktgenau auf dem Anhänger abgeladen und anschließend ins Tal gebracht wurde. Wir flogen zurück zur Alm, und ich richtete allen Beteiligten noch eine Almbrotzeit. Solche traurigen Situationen möchte niemand erleben, aber ich sage mir immer, auch sie gehören zum Almleben dazu.

Ich bekam sehr viel Trost von meinem Bauern, und er versicherte mir immer wieder, was ich ja auch wusste: dass ich keinerlei Schuld an dem Unfall trug. So etwas passiert einfach. Indem ich das akzeptierte, konnte ich dieses Ereignis im Endeffekt auch gut verarbeiten.

Ab diesem Zeitpunkt war aber klar, dass im Herbst die Tiere nicht aufgekranzt, also für den Almabtrieb nicht geschmückt werden würden. Aufgekranzt wird als Dank für einen gesunden, unfallfreien Almsommer bei Mensch und Vieh.

---

Während der Almzeit kann es natürlich auch vorkommen, dass eine Kuh krank wird. Bei meinen Milchkühen merke ich das sehr schnell, mit denen bin ich täglich intensiv beschäftigt. Die Kalbinnen, die ich ja »nur« zähle, muss ich deshalb umso genauer beobachten. Sobald eine Kuh nicht mehr bei ihrer gewohnten Gruppe steht, sobald sie sich eigenartig verhält, liegen bleibt, wenn alle anderen aufstehen, oder wenn sie gar hinkt, dann schaue ich mir das Tier genauer an.

Am empfindlichsten sind die Klauen der Kühe. Auf dem unwegsamen Gelände kommt es öfter vor, dass sich die Tiere kleine Steine eintreten oder ein Panaritium, eine entzündete Stelle an den Klauen, entwickeln. Deshalb ist es sehr wichtig, dass ich die Kalbinnen nicht nur schnell aus der Ferne zähle, sondern mir Zeit nehme, sie zu beobachten. Nur so kann ich Auffälligkeiten und

verändertes Verhalten frühzeitig bemerken und entsprechend reagieren. Rinder sind Herdentiere. Steht ein Tier abseits der Gruppe, läuten bei mir schon die Alarmglocken. Meist bestätigt sich dann der Verdacht, und das Tier hat eine verletzte Klaue. Ich versuche es dann in den Stall zu treiben, was naturgemäß manchmal schwierig ist, wenn es große Schmerzen hat. Schaffe ich das nicht alleine, informiere ich den Bauern, und wir versuchen es zu zweit. Klaus schaut sich die Klaue an, er hat natürlich mehr Erfahrung als ich, und der Fuß wird behandelt. Nach ein, zwei Tagen im Stall kann die Kalbin dann wieder zurück zur Herde.

Euterentzündungen kommen auch gelegentlich vor. Die behandle ich sehr erfolgreich mit Topfenumschlägen. Für geschwollene Klauen und Füße verwende ich meine selbst gemachte Arnikatinktur, und bei aufgeblähten Kälberbäuchen hilft sehr gut ein halber Liter Pflanzenöl und ein halber Eimer lauwarmer Kamillentee.

## CAPPUCCINO AUF VIER BEINEN

In meinem ersten Almsommer hatte ich ein besonders schönes Kalb auf der Alm, es war aus einer Kreuzung zwischen zwei Rassen entstanden: Fleckvieh und Blaubelgier. Das Fleckvieh sind die weiß-braun gemusterten Kühe, die bei uns in Oberbayern überwiegend gehalten werden, und Weißblaue Belgier, wie sie der Fachmann nennt, eine alte, schwere Landrasse. Das Kälbchen war sehr muskulös, seine Farbe ähnelte einem durchgerührten Cappuccino, und es hatte ein schönes Gesicht, wie ein großer Teddybär – einfach zum Verlieben. Natürlich hieß es auf der Alm »Cappuccino« und wurde unser aller Liebling, wobei es auch noch sehr verschmust und frech war. Von Beginn an stand jedoch fest, dass es nicht zur weiteren Aufzucht als Milchvieh verwendet und nach gut einem Jahr geschlachtet werden würde. Während meiner Gespräche mit Gästen werde ich immer wieder gefragt, ob ich denn überhaupt noch Rindfleisch essen könne, und besonders das Fleisch dieses Kälbchens oder meiner Tiere auf der Alm. Für die meisten ist der Gedanke unvorstellbar. Dazu muss ich noch sagen, dass diese Bedenken nicht von Veganern kommen, sondern von bekennenden Fleischessern und von Vegetariern, die auch Milch und Käse verzehren. Ich selbst bin keine große Fleischesserin, und ich hatte auch schon vegetarische Phasen. Zurzeit jedoch genieße ich wieder häufiger ein gutes Stück Fleisch, aus Überzeugung. Für meinen Mann und mich ist Qualität das oberste Gebot. Ein Tier muss respektvoll und artgerecht gehalten worden sein, dann können wir es mit gutem Gewissen zubereiten. Vorrangig essen wir jetzt Wild, das Rindfleisch beziehen wir direkt vom Bauern, Schwein und Pute kommen uns nicht auf den Tisch.

Meinen Gästen versuche ich das so zu erklären: Sobald sie auf die Alm kommen und das süße Kälbchen sehen, würden sie »niemals« dieses feine, in gesunder Luft und mit gesundem Futter genährte Kalbfleisch essen. Im Alltag

jedoch wird über das in Plastik einge-
schweißte Stück Fleisch aus Massentierhaltung nicht nachgedacht, es landet im Sommer täglich auf dem Grill.
Den Tieren, von denen dieses Fleisch
stammt, war garantiert kein so gutes
Leben vergönnt wie unseren Rindern
auf der Alm. Mein Mann sagt immer:
Ein Stück Fleisch hatte auch Augen!
Das klingt provokativ, ist aber auch
meine Meinung. Ich esse gern Fleisch,

aber nur, wenn ich weiß, dass das Tier ein glückliches Leben führen durfte.

Dazu gehört auch das Thema Milchprodukte. Wenn ein Vegetarier aus
Tierliebe auf Fleisch verzichtet, aber Milchprodukte zu sich nimmt, dann geht
die Rechnung nicht auf. Würden alle auf Fleisch, aber nicht auf Milch verzichten, würden die Preise für Milchprodukte, für Joghurt, Butter und Käse rapide
ansteigen. Kein Bauer kann es sich leisten, eine Kuh nur zur Milchproduktion
in den Stall zu stellen und dann an Altersschwäche sterben zu lassen. Und
Milch geben die Kühe ja nur, wenn sie gekalbt haben. Irgendwann wäre der
Stall voll mit alten Kühen.

Warum landen wir immer bei solchen Extremen? Erst wollen alle täglich
Fleisch auf dem Teller, Hauptsache billig, und als Reaktion darauf kommt die
Gegenwelle mit totalem Verzicht auf alles Essen vom Tier, der Veganismus.
Sosehr ich alle Menschen schätze, die über Tierwohl nachdenken und darüber,
was sie essen – für mich persönlich ist der Veganismus auch nicht die Lösung
der Ernährungsfrage.

Ich versuche, die qualitativ besten Lebensmittel zu essen und dafür die Menge
an tierischen Produkten auf ein vernünftiges Maß zu reduzieren. Wenn das mehr
Menschen beherzigen würden, gäbe es auch keine Massentierhaltung mehr, einfach, weil die Nachfrage fehlt. Verzehre ich statt siebenmal in der Woche nur
einmal Fleisch, kann ich mir auch den höheren Preis für gute Qualität leisten.
Aber ich habe ja nicht nur Rinder auf der Alm.

## MEINE HÜHNERSCHAR

Im dritten Almsommer war ich sehr glücklich über meine kleine Hühnerschar, bis, ja, bis der Fuchs auftauchte.

In meine Hühner war ich sehr verliebt, allerdings wusste ich, dass im Almgebiet ein Fuchs wohnte. Wie konnte ich meine Hühner vor ihm schützen? Nachts waren sie sicher im Hühnerstall, aber was sollte ich tagsüber machen, wenn ich stundenlang beim Koima-Zählen unterwegs war? Es gibt hier auf der Alm viele Nebeltage, die einem Fuchs auch bei Tageslicht die Angst vor der Nähe von Menschen nehmen. Mir schnürte sich richtig die Kehle zusammen beim Gedanken daran, dass ich irgendwann heimkommen und meine Hühner hingemeuchelt finden würde. Ich erzählte einer Freundin von meiner Angst, und sie riet mir, die Hühnerschar gedanklich in ein lila Schutzlicht zu hüllen, bevor ich die Alm verließ. Denn meine ständige Angst erhöhe das Risiko, dass der Fuchs die Hühner wirklich hole. Ich nahm ihren Rat an – wenn er nichts nützte, so schadete er wenigstens nicht – und stellte mir immer, wenn ich zu meiner vormittäglichen Tour aufbrach, eine große Schutzglocke aus lila Licht über meinen Hühnern vor. Tatsächlich beruhigte mich die Vorstellung, und ich war sicher, dass ich die Tiere am Ende der Almzeit gesund ins Tal würde mitnehmen können.

Meine Angst vor dem Fuchs war nicht unbegründet. Am Morgen wusste ich immer sofort, dass er nachts um die Hütte geschlichen war, wenn ich auf den Misthaufen schaute. An der Ecke, in die ich die Kompostabfälle warf, fand ich nicht selten frisch gegrabene tiefe Löcher. Besonders wohlschmeckende Essensreste waren verschwunden. Und des Öfteren schaute ich morgens beim ersten Blick aus dem Fenster in zwei kleine bernsteinfarbene Äuglein: Der Fuchs stand nur zwei Meter von mir entfernt, direkt neben dem Hühnerstall. Doch der Trick mit der lila Schutzglocke beruhigte mich, und offenbar versetzte der Glaube in diesem Fall Berge. Der Fuchs verschonte meine Hühner.

Zwei Wochen vor dem Almabtrieb saß ich an einem warmen Sonntagnachmittag mit Freunden vor der Hütte. Ich erzählte ihnen gerade, dass ich mit meinen Hühnern, die fröhlich vor uns herumstolzierten, bis jetzt vom Fuchs verschont geblieben war und dass ich hoffte, das würde sich in den verbleibenden 14 Tagen auch nicht ändern. Kaum hatte ich den Satz ausgesprochen, tauchten hinter der Hütte zwei große, freilaufende Hunde auf und stürmten auf meine Hühner zu. Mir blieb fast das Herz stehen. Der Gockel verteidigte seine Hennen und wurde daraufhin von einem Hund über die ganze Almwiese gejagt. Ich sprang auf und schrie den Hund an, doch der war wie im Rausch. Panisch setzte ich über die Terrassenbrüstung in die Wiese und rannte dem Köter nach, um ihn von meinem Hahn abzuhalten, was mir aber nicht gelang. Der schnappte wieder und wieder nach ihm, packte meinen stolzen Gockel an den Schwanzfedern und riss sie ihm bis auf die Haut komplett aus. In diesem Moment kam einer meiner Freunde mit einem Stock und wehrte den Hund von dem gequälten Tier ab. Erst Minuten später ließ sich die Besitzerin blicken. Ich schrie sie in  meiner Verzweiflung an, was sie sich dabei denken würde, im Almgebiet zwei Hunde frei laufen zu lassen. Doch sie zeigte keinerlei Einsicht und wurde im Gegenteil richtig überheblich – sie war mit insgesamt drei Hunden unterwegs, von denen keiner angeleint war. Ich solle, meinte sie, nicht so hysterisch sein, es handle sich doch nur um ein Huhn. Auf so viel Dreistigkeit fehlte mir eine Antwort. In meinem ganzen Leben habe ich fast noch nie eine solche Angst und auch Aggression in mir gespürt. Ich konnte nicht aufhören zu weinen, und mir war, als ob mir jemand ein Stück Herz herausgerissen hätte. Erst in diesem Moment wurde mir bewusst, wie sehr mir dieses Tier ans Herz gewachsen war.

Der Gockel rannte immer noch völlig verstört um die Alm und suchte verzweifelt nach seinen Hühnern – wohl auch von Schmerzen gepeinigt. Ich fing ihn ein und trug ihn zu den Hennen. Die Schwanzfedern sind zum Glück langsam wieder nachgewachsen, wenn auch nicht so prächtig wie vorher. Aber er hat eine bleibende Verletzung an der Schulter davongetragen. Eineinhalb Jahre lang lebte er noch glücklich mit seinen Hühnern, bis er schließlich friedlich die Augen schloss und in den ewigen Hühnerhimmel einging.

## DER FAHRBARE HÜHNERSTALL

*M*itten im dritten Almsommer überraschte mich mein Mann mit einem selbst gebauten fahrbaren Hühnerstall. Er bestand aus dem Fahrgestell eines alten Pkw-Anhängers mit zwei Rädern, darüber baute er einen Stall aus Lärchenholz – dieses Nadelholz ist sehr witterungsbeständig und war von der Renovierung unseres Bauernhauses übrig geblieben. Die Hühner bekamen natürlich ein schönes altes Lärchenholzfenster. Schließlich wohnten dort vier Hennen und ein stolzer, wunderschöner Hahn namens Ludwig. Ich freute mich riesig. Den Hahn hatten wir von einem alten Züchter geschenkt bekommen, der mit dem Gockel schon diverse Schönheitspreise auf Ausstellungen gewonnen hatte. Er war gerade auf der Suche nach einem guten Platz für das Tier, da ein junger Hahn an dessen Stelle treten sollte. Obwohl der Züchter uns selbst als neue Besitzer seines Hahns auserkoren hatte, gab er das schöne Tier nur schweren Herzens ab. Auf die Frage nach dem Preis antwortete er, für die Hennen wolle er 15 Euro pro Stück, den Hahn würde er uns schenken. Er sei eigentlich ohnehin unbezahl-

bar. Die einzige Bedingung sei, dass der Gockel an Altersschwäche sterben dürfe und nicht geschlachtet werden würde. Wir luden den Züchter dann später noch auf die Alm ein, wo er seinen Liebling besuchen konnte.

Die Tiere waren in einem großen Raum untergebracht und hatten ein wasserdichtes Dach über sich. Im zweiten, kleineren Raum des Hühnerstalls auf Rädern lagerten Hühnerfutter, Stroh und Heu für die Nester. Mehrere Stangen dienten den Hühnern als Sitzgelegenheiten. Dann gab es zwei Holzkisten mit Heu zur Eiablage. Nicht selten entstand morgens ein Gedränge vor den beiden Eiablagenestern – alle wollten gleichzeitig legen. Laut gackernd zogen ein paar der Hühner dann ab nach draußen und suchten sich irgendwo ein schönes Plätzchen im Freien. Diese Eier fand ich dann rein zufällig, oft erst Tage später – oder überhaupt nicht mehr. Am Boden des Hühnerstalls gab es reichlich Stroh, eine Wasser- und eine Futterschüssel. Durch eine kleine Öffnung nach außen können die Hühner über eine hölzerne Hühnerleiter tagsüber nach Belieben hinaus- und wieder hineinwandern. Doch mein Mann baute nicht irgendeinen Hühnerstall – er denkt sich immer etwas Besonderes aus: Unser Hühnerstall besaß neben den Rädern auch noch eine automatische Schließanlage. Durch eine Batterie betrieben ging morgens in der Dämmerung die Klappe von alleine auf und abends wieder zu. Bei Hühnern funktioniert das gut, weil sie bei Einbruch der Dunkelheit immer selbstständig in den Stall gehen. Besser gesagt: fast immer. Es kam gelegentlich schon vor, dass eine Henne den Anschluss verlor und dann draußen vor der Klappe stand. Wenn ich das nicht bemerkte, konnte das Huhn nur hoffen, dass uns in dieser Nacht weder Marder noch Fuchs besuchen würden. Bis jetzt hatten wir nur einen Todesfall zu beklagen.

## MEINE ZIEGENPARADE

»Du musst mit ihnen auskommen, nicht ich«, antwortete mir mein Almbauer, Klaus Vogt, mit einem Augenzwinkern, als ich ihn im zweiten Almsommer fragte, ob ich mir ein paar Ziegen mit auf die Alm nehmen dürfe. Seine Reaktion hätte mich eigentlich stutzig machen müssen, aber das wurde mir erst hinterher klar. Hinterher – das war zwei Monate später. Zwei Monate, in denen ich die Tiere heiß liebte und in denen sie mich schier wahnsinnig machten.

Ein guter Bekannter, der Schwoager Done, war selbst mehrere Sommer auf einer Alm gewesen. Er besaß ein paar Ziegen, in die ich mich richtig verliebt hatte. Er überließ mir die Ziegen für diesen Sommer: drei Geißen, drei Kitze und einen Zwergziegenbock.

Vom Done in einem Anhänger hochgebracht spazierten sie sofort aus dem Transporter und erkundeten neugierig ihre Umgebung. Meine einzige Sorge war, dass mir die Tiere meine schönen Blumen direkt vor der Alm verspeisen würden. Von Christl, meiner Bäuerin, liebevoll gepflanzt schmückten sie die Alm, und ich freute mich jeden Tag daran. Ich goss und pflegte sie mit Hingabe. Der einfache Holzzaun um die Hütte konnte die Ziegen nicht von meinen Blumen fernhalten. So installierten wir noch einen Elektrodraht unterhalb des Holzzauns – ob das reichen würde?

Ansonsten konnten sich die Ziegen auf dem gesamten Almareal frei bewegen. Abends durften sie mit in den Stall, dort hatte ich ihnen neben den Kälbern ein schönes Plätzchen gerichtet.

Quirlig und frech sprangen sie tagsüber auf den Almwiesen herum. Mit Leichtigkeit erklommen sie die steilen Hänge. Ich liebte es, ihnen zuzuschauen, wie sie das Gras noch aus den letzten Felsritzen holten.

Solange das Wetter trocken war, beschäftigten sie sich mühelos auf der Almweide. Aber wehe, wenn ein Gewitter aufzog! Schon der erste leise Donner ließ sie aufhorchen und im Spurt zur Almhütte laufen. Fielen gar ein paar Regentropfen, drängten sie sich eng nebeneinander an die Hüttenwand und harrten so halb unterm Dachvorsprung aus. Als absolut wasserscheue Tiere protestierten sie lautstark, sobald sie mich erblickten, und litten demonstrativ unter dem unzumutbaren Wetter. Jede Gelegenheit, in den warmen und trockenen Stall zu schlüpfen, wurde ergriffen. Die zweiflügelige innere Stalltür war für sie natürlich kein Hindernis – die äußere, gut verschließbare Tür hielt ich auch nicht immer versperrt. Waren sie dann einmal unbemerkt in den Stall eingedrungen, ging die Entdeckungsreise der Geißen weiter. Nachdem sie mit Leichtigkeit bis in eine ziemliche Höhe gelangen können, passierte es nicht nur einmal, dass mein schön sauberer, frisch geputzter Stall in kürzester Zeit verwüstet wurde. Sie stellten sich einfach auf ihre Hinterbeine, und jedes Tuch, jeder Lappen, jede Schnur, alles, was nicht befestigt oder gut verschlossen war, wurde herausgezogen, angefressen, zerrissen und durch den Stall geschleppt. Bei einem solchen Anblick lagen auch meine ansonsten guten Nerven schnell blank.

So lieb ich sie hatte, sie trieben mich immer öfter zur Weißglut. Ziegen kann man nicht erziehen. Sie sind schlau und werden immer wieder versuchen, das zu tun oder zu bekommen, was sie wollen. Ständig versuchen sie, Grenzen, die ich ihnen gesetzt habe, zu überwinden, Neues zu entdecken und vor allem: Spaß zu haben. Das war mein Fazit nach mehreren Monaten praktischer »Ziegenforschung«.

Wenn ich abends meine Milchkühe zum Melken in den Stall brachte, drängten sich schon zwei Ziegen an mir vorbei, sobald ich die Tür nur einen Spalt geöffnet hatte. Die Kleinen quetschten sich zwischen meinen Beinen durch, sprangen um die Futtertröge der Kühe und Kälber und brachten nur Unruhe in den Stall. Auch zwischen den Beinen der Kühe rannten sie wie wild herum und spielten Fangen. Versuchte ich sie festzuhalten, veranstalteten sie begeistert ein Wettrennen mit mir, bei dem ich immer den Kürzeren zog.

Nach zwei Monaten hatte ich genug von den Ziegen. Ich hätte nie gedacht, dass ich so schnell an meine Grenzen kommen würde, aber diesmal musste ich mir eingestehen, dass ich nicht mehr konnte. Ich rief den Schwoager Done an. Obwohl ich die Geißen wirklich gernhatte und sie wunderschön anzuschauen waren, entschied ich mich, sie schon vor dem Almabtrieb wieder zurückzugeben. Die Erfahrung war es auf jeden Fall wert, die möchte ich nicht missen. Heute kann ich über meine Ziegenparade wieder schmunzeln, damals war ich einfach nur erleichtert, als sie von der Alm wieder gen Tal gefahren wurden.

# Mein Tagesablauf auf der Alm

*N*atürlich ist mein Tag auf der Alm nicht exakt nach der Uhr getaktet – im Gegenteil: Ich versuche, eins nach dem anderen zu erledigen. Das ist ja das Schöne am Leben auf der Alm, dass ich keine Uhr brauche (außer einen Wecker am Morgen, damit ich ja nicht zu spät aufwache). Aber ungefähr so läuft ein typischer Almtag bei mir ab.

## 4.30 UHR AUFSTEHEN

Der Wecker läutet, und ich hoffe insgeheim, dass das nur ein Traum ist. Ich bin zwar eher eine Frühaufsteherin, aber zu so nachtschlafender Zeit würde ich normalerweise doch noch nicht aufstehen.

Draußen ist es noch stockdunkel. Ich liege im Bett und lausche den Geräuschen. Anfang Juni ist aus dem Stall das Bimmeln der einen oder anderen Glocke von den Kälbern zu hören. Sie dürfen, solange es noch so kalt ist, in der Nacht im Stall bleiben. In sechs bis acht Wochen sind sie schon wieder ein Stück gewachsen, ihr Fell ist dichter geworden auf der Alm, und die Nächte werden zunehmend wärmer. Dann können auch die Kälber Tag und Nacht draußen sein. Durch das offene Kammerfenster höre ich entfernt eine Kuhglocke, das ist gut. Denn dann sind die Milchkühe nicht weit, wenn ich sie bald zum Melken hole. Ganz nah ist dagegen Wiggerl, Ludwig mit vollem Namen: mein überaus stolzer und imposanter Gockel, der sich jetzt im Hühnerstall hinter der Hütte regt. Wenn er zu seinem lauten Morgenkrähen ansetzt, weiß ich, dass es jetzt Zeit wird. Ich schwinge meine Beine aus dem Bett, und da ist auch schon meine Almkatze Maunzi, die geduldig auf dem Fensterbrett sitzt und jetzt anfängt zu schnurren. Sie wartet, wie es scheint, die ganze Nacht nur darauf, dass ich endlich aufstehe. In Wirklichkeit ist sie in der Nacht auf Mäusefang draußen und kommt pünktlich kurz vor Sonnenaufgang ans Kammerfenster. So gibt sie mir gleich am frühen Morgen schon ein Gefühl der Geborgenheit. Ich knipse die Taschenlampe an, einen Lichtschalter gibt es natürlich nicht – ich habe ja auch keine elektrische Beleuchtung in der Kammer. Das macht mir aber nichts aus. Abends bin ich zum Lesen nämlich viel zu müde. Fast alle Bücher, die ich jedes Jahr von neuem mitnehme, trage ich ungelesen wieder nach Hause. Sobald ich mich abends ins Bett lege, lasse ich den Tag noch einmal kurz vor meinem geistigen Auge vorbeiziehen – und meistens schlafe ich schon, bevor ich damit fertig bin.

## 4.40 UHR EINHEIZEN

Nach dem Aufstehen heize ich sofort den großen Holzofen in der Stube ein – Kleinholz und größere Scheite habe ich, wenn ich es nicht vergesse, schon am Vortag in die Stube hereingetragen. So sind sie schön trocken und brennen besser an. Zwei oder drei große Kochtöpfe und den Wassergrand fülle ich mit dem kalten Quellwasser, das aus dem Wasserhahn läuft, und stelle die Töpfe auf den Herd. Bald brauche ich viel heißes Wasser zum Waschen der Melkmaschine und der Zentrifuge und fürs Kasen, fürs Käsemachen. Sobald das Kleinholz brennt, lege ich ein, zwei größere Scheite nach, damit das Feuer nicht ausgeht, wenn ich mich jetzt ans Buttern mache.

## 4.50 UHR BUTTERN

Die erste Arbeit am Tag ist das Buttern, aber nur jeden zweiten Tag. Wenn sich die Luft ab dem Sonnenaufgang erwärmt, gelingt der Butter oft nicht, er ist dann weich und hält nicht zusammen. Deshalb hole ich jetzt in der Morgenkühle den Rahm der letzten zwei Tage aus dem Keller und stelle ihn schon mal vor die Hütte auf den Tisch – immer mit dem Deckel drauf, damit die Katze nicht schneller ist als ich. Das Butterfass wird noch einmal mit kaltem Wasser ausgeschwenkt, dann schütte ich den Rahm hinein. Dick und fett ist er, kühl von der Nacht im Keller. Unter das dünne Abflussrohr am Butterfass stelle ich einen Eimer, in den ich dann am Ende die Buttermilch laufen lasse. Etwa 30 bis 40 Minuten lang muss die Kurbel kräftig gedreht werden, bis der Butter fertig ist. Nachdem die Buttermilch abgelaufen ist, schütte ich noch einmal zwei Eimer kaltes Wasser ins Butterfass und wasche den Butter durch. Dann fische ich die Butterbrocken heraus, forme mit den Händen einen großen Klumpen daraus und lagere ihn in einem Eimer mit kaltem Wasser.

## 5.30 UHR KÜHE HOLEN UND MELKEN

Sonnenaufgang hinter dem Chiemsee. Allein für diesen Moment hat sich das Aufstehen gelohnt: Von einem unwirklichen, leuchtenden Rot ist die Sonne im Hochsommer, wenn sie im Osten aufgeht und, von meinem Standort aus gesehen, direkt aus der Wasserfläche des Chiemsees emporsteigt. Bald wird sie orange, dann goldgelb, dann lichtgelb, und in kürzester Zeit steht sie schon südöstlich von mir am Himmel, hoch über den Bergen des Inntals, und die eben noch kühle Luft der Morgendämmerung erwärmt sich rasch. Im Hochsommer bin ich dann gerade mit dem Buttern fertig. Noch die Buttermilch in den Keller getragen – und los geht's zum Umziehen.

An der Badtür hängt mein Stallgwand. Zu Beginn der Almzeit ist es draußen noch sehr kalt. Da heißt es »Schichteln«: warme Unterwäsche, meine grüne Latzhose, dicke Socken, Gummistiefel, eine warme Jacke und die Mütze. Im Sommer geht's schneller: Hose, T-Shirt, Kopftuch, dann schnappe ich mir meinen Almstecken und gehe los, um die Milchkühe zum Melken zu holen. Besonders wenn es regnet oder ein kalter Wind weht, muss ich sie suchen gehen. Ich liebe diesen ersten Gang auf die Weide: Die eine Arbeit ist schon erledigt, der Butter ruht im Keller. Jetzt bewege ich mich in den wärmenden Sonnenstrahlen hier hoch oben mit einer wunderbaren Aussicht ins Tal und

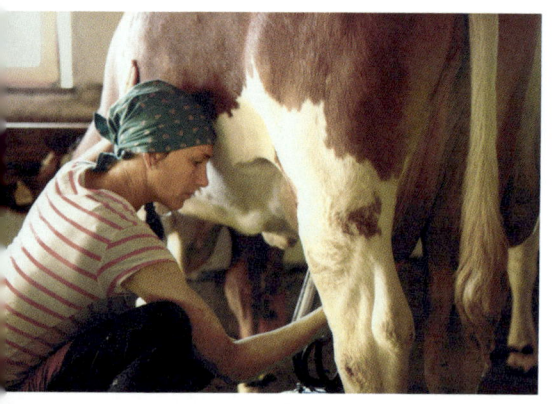

freue mich richtig auf meine zwei geliebten Milchkühe. »Kuhlei kimm, Kuhlei kimm!« Das ist mein Ruf, wenn ich die Kühe nicht gleich sehe. Meist dauert es dann nicht mehr lang, bis ihre Köpfe über den Melchbichel, eine kleine Erhebung nahe der Alm, spitzen. Dann warten sie und lassen sich von mir abholen. Gemeinsam gehen wir Richtung Stall. Ich empfinde sie in dem Moment als meine Gefährten: Wir sind ein eingespieltes Team, mit den Tieren verbindet mich innige Vertrautheit.

Die Kälbchen dürfen ja im Sommer auch nachts draußen bleiben – sie schließen sich unserem Zug an. Allerdings marschieren sie nicht immer brav im Trott der Milchkühe. Sie springen und rennen über die Wiese, wie es ungestüme Jungspunde eben so machen. Kaum öffne ich die Stalltür, drängen sich die Kleinen schon in den vorderen Stallbereich, während die Milchkühe sich an ihre gewohnten Plätze auf der anderen Seite stellen. Dann heißt es für mich erst einmal die Kälber anzuhängen, damit sie ruhig vor der Futterrinne stehen bleiben. Das bedeutet, dass ich jedem Kalb einen mit einer Kette an der Wand befestigten ledernen Riemen um den Hals lege, der mit einer Art überdimensionaler Gürtelschließe fixiert wird – weder zu eng, damit das Kalb nicht gewürgt wird, noch zu weit, es soll ja nicht herausschlüpfen können. Die Kälber bekommen ein bisschen Kraftfutter und Heu – das Heu ist wichtig für die Kleinen, damit sie von dem vielen feuchten Gras keinen Durchfall bekommen, und das Kraftfutter – das gebe ich ihnen weniger der Kraft wegen. Es ist eine Art Leckerli für sie, so wie es Süßigkeiten für Kinder sind, ein Lockmittel, damit sich die Kälbchen an mich und die Alm gewöhnen. Wenn bei den »Kleinen« Ruhe eingekehrt ist und alle angehängt sind, hole ich das Milchgeschirr. Meine Milchkühe warten geduldig, bis sie an der Reihe sind. Das Aggregat anwerfen, die Euter mit Wasser sauberwischen, die vier Melkbecher an die Zitzen anstecken. Los geht's. Pro Kuh gibt's bei einem Melkgang etwa zehn bis 15 Liter Milch.

## 6.30 UHR OBIDRAHN

Die frisch gemolkene Milch schütte ich sofort Portion für Portion in die Zentrifuge. Links habe ich einen kleinen Eimer für den Rahm, rechts einen großen für die Magermilch untergestellt. Dann drehe ich die Kurbel, eine schweißtreibende Angelegenheit, bis Rahm und Milch aus den beiden Auslässen laufen. »Obidrahn« nennen wir diese Tätigkeit – »hinunterdrehen« auf Hochdeutsch, denn die noch kuhwarme Milch wird quasi von oben in der Zentrifuge nach unten gedreht. Der Rahm kommt in den Keller, die Magermilch verarbeite ich zu Topfen und Käse. Ein Messerspitzelchen Milchsäurebakterien hinein, dann stelle ich die Milch neben den Herd zum Säuern.

## 7.00 UHR MILCHGESCHIRR WASCHEN

Während die Kühe und die Kälber im Stall noch genüsslich an ihrer Heuration kauen, kippe ich das heiße Wasser aus den Töpfen auf der Herdplatte in die große Waschschüssel und säubere das Milchgeschirr und die Einzelteile der Zentrifuge draußen auf dem großen Tisch. Das trocknet dann alles in der Sonne vor der Hütte bis zum abendlichen Melken.

## 7.15 UHR BUTTER AUSSCHLAGEN

Der Butter hat nun fast zwei Stunden geruht, jetzt nehme ich mit der Hand Portionen von etwa einem halben Pfund von meinem großen Butterklumpen ab – mit der Zeit hat man das im Gefühl, wie schwer ein halbes Pfund wiegt – und klatsche jede Portion von einer Hand in die andere, um das restliche Wasser auszuschlagen. Die Butterstücke wandern dann in einen Eimer mit kaltem Wasser in den Keller, bis ich später Zeit habe, die Portionen exakt abzuwiegen, zu formen und zu verpacken.

## 7.30 UHR BUTTERFASS WASCHEN

Inzwischen ist die nächste Portion Wasser auf dem Ofen heiß geworden. Ich zerlege das Butterfass, wasche es im heißen Wasser gründlich aus und stelle es ebenfalls in die Sonne zum Trocknen.

## 7.45 UHR KÄSE UND TOPFEN MACHEN

Die Milchsäurekultur hat in meiner Magermilch nun schon gearbeitet. Für meinen Frischkäse gebe ich ein wenig Lab dazu, rühre einmal um und stelle den Topf wieder an den Rand der Herdplatte. Den am Vortag angesetzten Topfen schütte ich in ein mit einem Mulltuch ausgelegtes Sieb ab und presse das restliche Wasser aus.

## 8 UHR STALL PUTZEN

Kühe und Kälber sind nun glücklich und zufrieden – die Kühe sind von ihrer Milchlast befreit, alle haben ihre Leckerli in Form von Kraftfutter und Heu bekommen und daneben ein paar Streicheleinheiten und gute Worte von mir. Sie ziehen jetzt wieder auf die Weide. Bei schönem Wetter ist es nun schon richtig warm draußen. Ich mache mich ans Stallputzen.

## 8.30 UHR DUSCHEN

Der Stall ist wieder sauber, und das Stallgwand hängt am Haken an der Stallwand. Nun säubere ich mich selber und gehe duschen – eine Wohltat. Ich freu mich aufs Frühstück und darauf rauszugehen.

## 8.45 UHR WEITER MIT DER KÄSEHERSTELLUNG

Jetzt kann ich in der Küche schon die dickgelegte Milch schneiden, damit sich die Molke absetzen kann. Den Käsebruch schöpfe ich dann nach einer entsprechenden Wartezeit in die Formen zum Abtropfen und spüle mit heißem Wasser die Milchtöpfe gründlich aus.

## 9.15 UHR FRÜHSTÜCKEN

Gleichzeitig bereite ich mein Frühstück vor: Meistens gibt's Kräutertee oder Kaffee oder an sehr heißen Tagen ein, zwei Becher frische Buttermilch, dazu ein Müsli. Für ein Viertelstündchen setze ich mich hin – draußen in die Sonne oder in der warmen Stube an den Tisch. Wenn ich da sitze, schaut auch meine Katze wieder mal vorbei und bekommt ein Schälchen Milch – sonst ist sie im ganzen Almgebiet unterwegs oder schläft auf dem Heuboden. Dort ist es warm und weich, und ab und zu läuft ihr eine unvorsichtige Maus vor die Pfoten.

## 9.30 UHR BROTTEIG KNETEN

Nach dem Frühstück bereite ich noch einen Brotteig vor, wenn nur noch wenig Brot da ist. Schnell nach meinem Hausrezept alles zusammenkneten, dann kann der Teig gehen, während ich beim Koimazählen bin.

## 10 UHR KOIMA ZÄHLEN

Bergschuhe anziehen und los

geht's. Mit dem Almstecken in der Hand wandere ich über mein Almgebiet und zähle die Koima. 50 Stück waren es im ersten Almsommer, es darf nie, niemals, eine fehlen. Sie ziehen gern in Grüppchen herum, und mit der Zeit kenne ich ihre Lieblingsplätze. Meistens dauert es aber doch um die zwei Stunden, bis ich alle gefunden habe.

Unterwegs schaue ich natürlich auf dem ganzen Almgebiet nach dem Rechten, kontrolliere Zäune, Brunnen und Wege und stecke mir Kräuter in die Tasche, die ich auf dem Weg finde. Bei schönem Wetter pflücke ich noch ein Sträußchen Almblumen für meine Terrasse – sie sollen die Gäste auf dem Tisch vor der Hütte freundlich empfangen.

## 11.30 UHR BACKEN, PUTZEN, GÄSTE BEWIRTEN

Je nach Wetter habe ich nun die Freiheit, mir die Arbeit einzuteilen, wie ich will. Bei prächtigem Wanderwetter, noch dazu am Wochenende, rechne ich mit vielen Gästen. Ich backe erst das Brot und bereite gleich noch einen Topfenstrudel vor. Während der im Ofen ist, rühre ich einen Kräutertopfen aus dem frisch ausgepressten Topfen an, den ich schon am Tag zuvor angesetzt habe. Stube putzen, Terrasse herrichten, zwischendurch in den Keller zur Käsepflege, das muss sein. Regnet es, besuche ich vielleicht eine Almnachbarin oder wasche meine Kleidung. Ist es nur trüb, dann gehe ich mit der Sense zum Distelmähen oder wandere über eine Weide zum Schwenden. Die Hühner und ihr Stall müssen auch noch versorgt werden. Wenn ich Zeit habe, forme ich meinen frischen Butter und verpacke die Stücke einzeln in Pergamentpapier.

## 16 UHR MELKEN

Ziemlich pünktlich ist dann die abendliche Stallarbeit dran. Die Kühe haben ein gutes Zeitgefühl und kommen oft von selbst – und alles geht seinen Gang wie am Morgen, eins nach dem anderen, eine wunderbare, beruhigende Routine: Stallgwand anziehen, Kühe und Kälber holen, füttern, melken, Milch durch die Zentrifuge, Rahm in den Keller, Magermilch säuern, Topfen ansetzen, Milchgeschirr und Zentrifuge waschen, Topfen- und Käsetücher heiß auswaschen und raushängen, Kühe wieder auf die Weide lassen, Stall putzen, Stallgwand ausziehen, mich selber waschen und sauber anziehen.

## 18.30 UHR GÄSTE BEWIRTEN, MUSIZIEREN, VOR DER HÜTTE SITZEN

Im Sommer habe ich nicht selten Gäste, bis die Sonne untergeht. Der Fahrweg nach unten ist mit einer Stirnlampe auch noch im Dunkeln gut zu finden. Oft kommen meine Musikantenfreunde zu Besuch, aber auch wenn ich allein bin oder wenn mich mein Mann besucht, wird am Abend meistens noch ein wenig musiziert.

## 21 UHR SCHLAFEN GEHEN

Eigentlich möchte ich jetzt ins Bett gehen, denn ich bin nach meinem Almtag hundemüde, und sechs bis sieben Stunden Schlaf wären schön. Oft habe ich aber noch Gäste, man macht Musik, unterhält sich, genießt die Gespräche, die gute Luft, die Aussicht, das Wetter – und das eine oder andere Glas Wein. Dann wird es wieder einmal spät. Trotzdem stelle ich den Wecker auf 4.30 Uhr.

# Vom Melken, Buttern und Käsemachen

_D_as Melken und die Milchverarbeitung bestimmen den Rhythmus meines Tages. Auf jeder Alm gibt es feste Arbeitsabläufe, Tätigkeiten, die vom Bauern erwünscht sind und die die Sennerin deshalb vorrangig zu erledigen hat. Eine meiner Aufgaben besteht darin, aus der Milch Butter herzustellen, der für den Wintervorrat der Bauernfamilie dient. Einen Teil davon verkauft der Bauer auch im Tal, an einen festen Kundenstamm. Der Almbutter hat eine besondere Qualität, und so gibt es treue Kunden, die sich jedes Jahr schon auf den Almsommer und auf den frischen Butter freuen.

Bei der Butterherstellung fällt viel Magermilch an. Sie weist im Vergleich zu der Magermilch aus dem Supermarkt einen etwas höheren Fettgehalt auf und schmeckt natürlich auch viel besser. Was ich mit der Magermilch mache, ist meine Entscheidung – ich müsste sie nicht weiterverarbeiten.

Auf vielen Almen wird allenfalls ein Teil der Magermilch verwertet: Man produziert den wertvollen Butter und schüttet die übrig bleibende Milch weg, die nicht gebraucht wird. Manche Almerinnen halten sich ein oder zwei Schweine auf der Alm, die dann die Magermilch als Futter bekommen, oder geben

einen Teil davon den Kälbern. Das funktioniert allerdings auch nur bei wenigen Milchkühen und einer sehr hungrigen beziehungsweise durstigen Sau – bei meinen zwei Milchkühen fallen täglich bis zu 50 Liter Vollmilch an. Wenn man davon etwa sechs Liter Rahm täglich für das Buttermachen abzieht, bleiben immer noch rund 40 Liter Magermilch am Tag – so viel säuft kein Schwein.

Ich habe beschlossen, diese große Menge an Magermilch zu verwerten – es tut mir sonst leid um so ein gutes Lebensmittel und ich bringe es nicht fertig, alles einfach wegzukippen. Es kostet viel Mühe und Arbeit, die Milch auf der Alm zu gewinnen. Die Milchkühe fressen nur das beste Futter – deshalb mache ich diese zusätzliche Arbeit gerne und verarbeite die Milch zu haltbaren Produkten. Mich reizt auch die Herausforderung, Käse und Topfen selbst herzustellen, neue Rezepte zu probieren und so noch mehr zur Selbstversorgerin zu werden. Denn Käse und Topfen gehören auf der Alm mit zu meinen Hauptnahrungsmitteln. Vom Bauern wurde mir die Verarbeitung der Magermilch freigestellt, allerdings war er ganz offen für meine Idee der Käseherstellung. Nach meinen ersten Versuchen und den ersten Kostproben war er überzeugt von meiner Käserei und unterstützte mich. Ich bin, ehrlich gesagt, schon stolz darauf, dass mir die Käseherstellung so gut gelingt. Die Gäste sind immer voll des Lobes, und auch ich liebe meinen Käse selber sehr. Das ist mir Ansporn weiterzumachen.

# DER MELCHBICHEL UND
## DAS STOANA-KLAUBEN

*M*elchbichel oder Melkbichl – hie und da gibt es diesen Ausdruck noch als Flurnamen für eine sanfte Erhebung bei einer Alm. Auch auf der Rampoldalm heißt die kleine Hügelkuppe westlich der Hütte seit jeher Melchbichel.

Die alten Senner erzählen, dass diese Hügel ihren Namen tatsächlich deshalb erhalten haben, weil die Kühe früher an diesen Stellen gemolken wurden. Aber warum, will ich wissen. Der Ausdruck stammt natürlich aus einer Zeit, als die Almerin oder der Senner ihre Kühe noch mit der Hand gemolken haben. Mit Stromaggregat und Milchgeschirr wandert man ja nicht über die Almwiesen. Die mit der Hand gemolkene Milch wurde in eine Milchkanne gefüllt, manchmal auch in eine Rückentrage, eine Butte, und damit wanderte die Almerin zurück zur Hütte, um die Milch dort weiterzuverarbeiten.

Ein alter Senner erzählt, bis Jakobi – das ist am 25. Juli, der heilige Jakob galt früher als der Almheilige –, bis Jakobi also habe man die Kühe in den Stall getrieben zum Melken, und ab Jakobi, also Halbzeit auf der Alm, habe man am Melchbichel gemolken. In der zweiten Hälfte der Almzeit ist ja immer weniger Gras vorhanden, und die Milchleistung lässt nach.

Die Vorteile dieser Methode: Die Kühe mussten nicht so weit über die Alm getrieben werden, wodurch erstens weniger Gras zertrampelt wurde, und zweitens waren die Tiere nicht so gestresst. Und entspanntere Kühe geben mehr Milch. Jeder Tropfen Milch war damals wichtig, mehr als heute – übrigens gilt das Gleiche für jedes Büschel Gras.

Früher mussten die Almer und die Kinder der Bauernfamilie regelmäßig auf die Alm ausrücken zum Stoana-Klauben, auf Hochdeutsch »Steine sammeln«. Die Almwiesen wurden von herumliegenden Steinen befreit, und mit diesen errichtete man entweder die Hütten und die Ställe – man findet heute noch vereinzelt Almhütten, die aus Klaubsteinen bestehen. Oder man befestigte die Almwege damit. Auf den

Weiden jedenfalls sollten keine Steine herumliegen, denn »unter jedem Stoa is a Mei voi Gras«, wie mir einmal eine alte Almbäuerin sagte: »Unter jedem Stein ist ein Maul voll Gras« – jeder Stein, der wegge- räumt wird, gibt den Platz für nachwachsendes Gras frei. Das macht mich nachdenklich, wie hart früher die Menschen arbeiten mussten, um ihre Tiere versorgen zu können, damit diese ausreichend Milch produzierten. Und dann sollte ich die ganze schöne Magermilch weg- schütten? Niemals!

# BUTTERN

Butter wird aus dem Rahm der Milch hergestellt. Bevor es auf den Almen Zentrifugen gab, die den Rahm von der Magermilch trennen, stellte man die frisch gemolkene Milch in großen, weiten Schüsseln auf, den Weidlingen, bis sie »aufrahmte« – bis sich also der Rahm an der Oberfläche absetzte. Den schöpfte man dann ab.

Auf der Rampoldalm gibt es eine Zentrifuge, eine schöne, alte, gusseiserne, die sicher auch schon einige Jahrzehnte, wenn nicht fast ein ganzes Jahrhundert, auf dem Buckel hat. Sie steht in der Almstube, direkt neben der Verbin-

dungstür zum Stall. So kann ich die noch kuhwarme Milch sofort nach dem Melken oben in den großen Aufsatz schütten – beim morgendlichen Melken sind es etwa 25, am Abend nur noch 20 Liter. Die Kühe haben über Nacht einfach mehr Zeit zum Fressen und geben danach dann auch mehr Milch. Nachmittags melke ich gegen vier oder fünf Uhr, morgens dann um sechs oder halb sieben. Die ein, zwei Stunden, die sie auf der Nacht-weide länger fressen, schlagen sich auch in der Milchleistung nieder.

Es ist wichtig, die frische Milch sofort weiterzuverarbei-ten. Für das Zentrifugieren braucht man viel Körperkraft. Die Zentrifuge ist handbetrie-ben, mittels einer großen Kurbel bringe ich die vielen kleinen

gelochten Schälchen, die das Herzstück der Zentrifuge ausmachen, zum Rotieren. Dann drehe ich den Hahn auf, und die Milch fließt von oben durch die Schälchen.

Da Fett leichter ist als Magermilch, setzt sich der Rahm nach dem Gesetz der Schwerkraft und durch die Drehgeschwindigkeit ab und läuft aus dem oberen Rohr in einen kleinen Eimer. Aus 25 Liter Milch erhalte ich etwa drei Liter Süßrahm. Dafür heißt es dann schon mal ein Viertelstündchen kräftig kurbeln. Das ist Workout und Meditation in einem – uralte und faszinierende Technik, immer wieder. Trotzdem tut mir am Anfang der Almzeit gehörig der Arm weh, ich wechsle den rechten und den linken Arm beim Kurbeln ab, dann geht's leichter. Dem Rahm gebe ich eine kleine Menge an Milchsäurebakterien zu und stelle den Eimer in den Keller. Die Magermilch säuere ich auch und verarbeite sie am gleichen Tag noch weiter zu Topfen und Käse.

Der Rahm muss mindestens 48 Stunden stehen, dann kann gebuttert werden. Deshalb verbuttere ich jeden zweiten Tag den Sauerrahm von vier- bis fünfmal Melken. Denn in das schöne alte, hölzerne Butterfass passen etwa 15 Liter Rahm. Es wird schon seit Jahrzehnten jeden Almsommer benützt und instand gehalten. Natürlich zeigt es schon Gebrauchsspuren, aber es vergeht kaum eine Saison, in der nicht ein geschickter Handwerker einmal das Butterfass ausbessert. Mein Schwager Florian kam einmal mit Handhobel und Leim ausgerüstet zu mir, weil der Deckel des Fasses Risse und eine Bruchstelle aufwies, aus der bei jedem Buttern Rahm herausspritzte. Mit viel Geschick setzte er ein Stückchen Holz in die Fehlstelle ein, hobelte und schliff alles glatt, und jetzt ist das Butterfass wieder voll gebrauchsfähig. Ich liebe solche alten Gegenstände, die nach wie vor funktionieren und die auch benützt werden. Und vor allem freue ich mich über Dinge, die man reparieren kann und die von Generation zu Generation weitergegeben werden. Da nehme ich gern in Kauf, dass weder die Zentrifuge noch das Butterfass elektrisch betrieben werden können. Ich habe einfach den Ehrgeiz, das auf der Alm so zu bewältigen, wie es früher auch war – soweit wie möglich ohne Strom. Die einfache Mechanik eines handbetriebenen Butterfasses begeistert mich genauso wie die der Zentrifuge. Mein Kurbelbutterfass besitzt innen vier Schaufelblätter, die durch die Kurbel in permanenter Bewegung gehalten werden – wie bei einem Schaufelrad an einem Dampfer. Die Schaufelblätter sind allerdings mit Löchern versehen, damit der Rahm durchfließt. Wichtig ist ja nur, dass er ständig bewegt wird.

Gebuttert wird draußen vor der Alm, damit das viele Wasser, das ich zum Waschen von Butterfass und Butter brauche, gleich in die Wiese ablaufen kann. Ganz am Anfang der Almzeit und gegen Ende, wenn es schon empfindlich kalt wird auf 1200 Metern Höhe, verschiebe ich das Buttern manchmal auf den Vormittag. Aber meistens erledige ich das gleich als erste Arbeit am Tag, im heißen Hochsommer geht es von der Temperatur her gar nicht anders. Der Butter gelingt nicht, wenn es zu warm ist. Aber nicht nur dann, es gibt Tage, da geht einfach nichts zusammen – übrigens ein alter Ausdruck, der ursprünglich vom Buttern kommt: Die vielen kleinen Fetttröpfchen im Rahm müssen sich von der wässrigen Buttermilch lösen und zusammenklumpen, so entsteht Butter. Tage, an denen nichts zusammengeht, sind gewittrige Wetterstimmungen, Föhntage, unruhige Tage. Manchmal weiß man allerdings nicht, woran es liegt, dass der Butter ausgerechnet heute nicht so gut gelingt. Jede Almerin kann davon ein Lied singen. Früher glaubten die Menschen, die Butterhexe sei schuld, und unternahmen allerlei Hokuspokus dagegen: Weil Hexen, wie man weiß, ja Eisen meiden und Feuer sowieso, hat man mit glühend erhitzten Schürhaken im Rahm gestochert, um die Hexe zu vertreiben. Andere legten ein geweihtes Amulett in das Butterfass.

# DER BUTTER

In Bayern ist »der Butter« männlich. »Die Butter« hat man zwar in der Schule gelernt, aber das klingt in bairischen Ohren wie eine Fremdsprache. Woher dieser Genus, dieses maskuline Geschlecht des Wortes kommt, das hat Ludwig Zehetner, Professor an der Uni Regensburg, wissenschaftlich erklärt: »Butter geht auf lateinisch *butyrum*, griechisch *boutyron* zurück, sodass der hochsprachliche weibliche Genus überrascht«, schreibt er in seinem Buch »Bairisches Deutsch. Lexikon der deutschen Sprache in Altbayern«. In diesen beiden alten Sprachen ist der Butter nämlich sächlich, also Neutrum. Und sächliche Substantive werden später, wenn sie in andere Sprachen übergegangen sind, meist zu ebenfalls sächlichen oder männlichen Substantiven. Nicht nur im Bairischen ist der Butter schließlich männlich, zum Beispiel auch im Italienischen *il burro* und im Französischen, wo es *le beurre* heißt. Deshalb verbiege ich mich auch hier nicht – in meinem Buch ist der Butter männlich, wie überall auf den bayerischen Almen, auch wenn die Standardsprache meint, dass er weiblich sein soll.

Vor dem Buttern baue ich das gereinigte Butterfass wieder zusammen. Es wird ja nach jedem Buttern auseinandergebaut, gründlich gesäubert und in die Sonne gelegt, damit das Holz und die metallene Kurbel richtig durchtrocknen können. Die Sonne entzieht damit auch den Bakterien die Lebensgrundlage, die sich sonst in feuchten Ecken ansammeln würden. In das zusammengesetzte Butterfass kommt  zuerst ein Eimer kaltes Wasser, damit sich eventuelle Staubpartikel oder Heuteilchen, die vor der Hütte manchmal in der Luft sind, nicht in den Butter mischen. Ein paar Mal an der Kurbel gedreht und das Wasser in einem Schwung ausgekippt – jetzt ist das Butterfass sauber.

Ja, und dann schütte ich den Rahm hinein und drehe die Handkurbel so lange, bis sich der Butter beginnt, von der Buttermilch zu trennen. Am Geräusch erkenne ich, wenn es so weit ist: Zu Beginn hört man ein gleichmäßiges »Flitsch, flitsch, flitsch…«, wie wenn man eben eine Flüssigkeit bewegt. Zum Zeitpunkt des Abbutterns wird der Ton dann lauter, und ab und zu ist ein kleines Platschen vernehmbar, weil die zunächst kleinen Butterklumpen beim Drehen immer wieder von den Holzblättern abfallen und in die Buttermilch platschen.

Eine halbe Stunde kurble ich, da spüre ich jeden Armmuskel, mal mit rechts, mal mit links – als Nebeneffekt bekomme ich richtig kräftige, feste Oberarme während der Almzeit. Ich freue mich trotz der Anstrengung, dass mein Butterfass nicht, wie die meisten Butterrührkübel, mit einem kleinen Motor ausgestattet ist. Das Drehen geht irgendwann automatisch, und während ich rhythmisch vor mich hin kurble, geht die Dunkelheit der Sommernacht in eine diffuse Dämmerung über, die dann ganz allmählich immer heller wird – von Osten her. Genau in die Richtung schaue ich, wenn ich vor meiner Hütte das Butterfass aufgebaut habe, und genau in dieser Richtung liegt mir der Chiemsee zu Füßen.

Hinter der weiten Seefläche taucht jetzt aus dem dämmrigen Dunst eine matt rötliche Sonne auf, die sich immer intensiver färbt, je weiter sie emporsteigt. Die Talbewohner können sie wohl noch gar nicht sehen, zumindest nicht so schön wie ich. Denn über dem Chiemsee liegt noch eine dünne Nebelschicht, auf die ich von oben blicke. Die Sonne wird orange, gelb und schließlich fast weiß, und jetzt wärmen ihre Strahlen auch mich hier oben. Das spüre ich, obwohl ich inzwischen trotz der Morgenfrische durch das Kurbeln ins Schwitzen gekommen bin. Es ist ein schönes, befriedigendes Gefühl, wenn das Geräusch im Butterfass in ein dumpfes Platschen übergeht und ich weiß, dass jetzt aus meinem mühsam gewonnenen Rahm hochwertiger, haltbarer Butter geworden ist. Ich stelle mir immer vor, dass all die Energie und die Nährstoffe der Kräuter und Heilpflanzen, die meine beiden Kühe den ganzen Tag über so vertilgen, in dem Endprodukt enthalten sind. Dann empfinde ich eine große Dankbarkeit, dass ich hier oben auf 1200 Metern arbeiten darf und mit meinen Händen die besten Lebensmittel herstelle, die man sich vorstellen kann. Da lohnt sich sogar das frühe Aufstehen. Jetzt kann ich mich auch aus meiner Montur schälen, in der ich sicher ein wenig skurril aussehe, wenn ich da in der morgendlichen Dunkelheit auf der Alm stehe und kurble: Gummistiefel, dicker Pulli, lange Schürze mit Fett- und Wasserflecken, Kopftuch und eine Stirnlampe drüber. Denn eine elektrische Außenlampe gibt es auf meiner Alm nicht.

Aber es sieht mich ja keiner. Morgens ist es oft noch sehr still. Die meisten Kühe und Kälber schlafen noch, irgendwo auf der Wiese. Nur einige Vögel sind zu hören, manchmal balzt sogar ein Birkhahn direkt unterhalb des Gipfelkreuzes. Das ist einer der schönsten Momente hier auf der Alm, da bin ich für eine gewisse Zeit ganz eins mit mir und der Welt.

Eine letzte Kontrolle im Butterfass: Durch den geöffneten Deckel sehe ich die schönen großen Butterklumpen in der Buttermilch schwimmen. Die läuft jetzt durch den Auslass an der Seite des Butterfasses in einen Eimer. Meist hole ich mir eine große Tasse und genieße gleich mein erstes Frühstücksgetränk. Die restliche Buttermilch kommt in den Keller, darüber freuen sich später die Wanderer, die erhitzt vom steilen Aufstieg die kühle Buttermilch als erste Erfrischung besonders zu schätzen wissen.

Nun wird der Butter gewaschen. Dafür fülle ich frisches, kaltes Wasser in das Butterfass, drehe noch einige Male die Kurbel und lasse es dann wieder ablaufen. Diesen Vorgang wiederhole ich zwei- oder dreimal, bis die Flüssigkeit glasklar aus dem Fass läuft. Der Butter ist nun von den restlichen Milchbestandteilen gereinigt. Das erhöht die Haltbarkeit und verbessert den Geschmack. Denn die Milchreste würden den Butter schneller ranzig werden lassen. Alte Leute, die sich an den Butter früherer Zeiten erinnern und das Gesicht verziehen, weil sie den ranzigen Geschmack »vom Bauernbutter« noch fast auf der Zunge spüren – die haben schlecht ausgewaschenen Butter bekommen. Mein Almbutter schmeckt besser als jeder käufliche Butter.

An der Farbe des Butters erkenne ich, was die Kühe zuletzt gefressen haben. Im Juni und Juli, wenn das Gras jung und fett ist, strahlt mir eine wunderschön gelb leuchtende Masse aus dem Butterfass entgegen, wenn

ich den Deckel öffne. Dieses Gelb entsteht, wenn Kühe auf den saftigen Almweiden frisches Gras fressen. Denn auch Gras, nicht nur Karotten, Spinat oder Feldsalat enthält Karotinoide. Das für die Grünfärbung des Grases verantwortliche Chlorophyll überlagert das Gelb. Da Karotinoide jedoch fettlöslich sind, reichern sie sich im Milchfett an – die gelbe Färbung wird dann also sichtbar. Wenn die Kühe im Herbst auf magereren Wiesen weiden, die nicht mehr voll im Saft stehen, oder im Tal nur mit Heu oder Kraftfutter gefüttert werden, fehlen die Karotinoide aus dem grünen Gras, und der Butter wird eher weiß – es sei denn, man füttert beispielsweise Karotten zu oder mischt Betacarotin ins Futter.

Mit den Händen knete ich noch das restliche Wasser heraus und drücke die Butterklumpen zu Portionen von ungefähr einem halben Pfund zusammen. Der Butter ist fertig und wartet nun im Keller, in einem Eimer mit kaltem Wasser, darauf, dass ich später Zeit habe, ihn exakt abzuwiegen, zu verzieren und zu verpacken.

Die allererste Portion Rahm nach dem Almauftrieb übrigens wird zwar verbuttert, aber der Butter schmeckt noch nicht so gut. Die Kühe sind gerade in der Umstellungsphase zwischen der Winterernährung und den frischen Almkräutern. Sie sind noch aufgeregt vom Almauftrieb und müssen sich erst ein paar Tage beruhigen, in der neuen Umgebung ankommen und ihre gute Milch geben. Und selbst das Butterfass ist irgendwie noch nicht richtig eingelaufen. Dieser allererste Butter wird deshalb nicht pur verzehrt, sondern ausgelassen zu Butterschmalz. Das braucht man ja sowieso in rauen Mengen für das Ausbacken des beliebten Schmalzgebäcks.

## DEN BUTTER INS TAL BRINGEN

Klaus, mein Almbauer, holt alle paar Tage den Butter bei mir auf der Alm ab. Von unten bringt er dann Getränkekästen mit, die ich bestellt habe, die Bäuerin schickt etwas Gemüse mit hoch und frisch gewaschene Geschirr- und Käsetücher. Für den Verkauf im Tal muss der Butter natürlich exakt abgewogen und ordentlich verpackt sein. Mein ganzer Stolz ist es, die einzelnen Portionen auch noch schön zu verzieren, ein Brauch, den die Almerinnen seit Jahrhunderten pflegen. Dafür habe ich die schönen alten Buttermodel auf der Alm: ein rechteckiges, mit einem Blumen- und Rankenornament, das genau auf eine Halbpfundportion passt, ein rundes, mit dem man ebenfalls ein florales Muster aufstempeln kann, und ein winzig kleines rundes Model mit einem Edelweißmotiv. Das hat mir meine Schwägerin geschenkt. Es fasst exakt 20 Gramm Butter, und damit forme und verziere ich die Einzelportionen, die ich meinen Gästen zur Almbrotzeit serviere.

Die hölzernen Buttermodel werden vor dem Formen in heißes Wasser eingelegt, damit sie richtig durchnässt sind und die Butterportionen sich gut herauslösen lassen. Direkt vor dem Formen lege ich sie noch in kaltes Wasser, damit der Butter nicht schmilzt, wenn er mit den Modeln in Berührung

kommt. Dann hole ich meinen Eimer mit dem frischen Butter von heute Morgen aus dem Keller. Es muss jetzt zügig vorangehen, damit der Butter nicht unnötig wieder warm wird. Ich nehme jeweils einen Butterklumpen aus dem kalten Wasser und drücke ihn kräftig in die Holzform, damit keine Luftblasen eingeschlossen werden. An der Oberfläche glätte ich das Butterstück mit einem angefeuchteten Brettl, dann schlage ich das Model umgedreht auf ein Blatt Butterbrotpapier und verpacke die Portion. Entsprechend viele gleich große Bögen Papier habe ich mir vorher schon bereitgelegt. Mit den fettigen Fingern kann ich dann während der Arbeit ja nichts mehr anfassen. Aus mei-

nen etwa 15 Litern Rahm gewinne ich etwa drei bis dreieinhalb Kilogramm Butter, also zwölf bis 14 Halbpfundportionen.

Früher haben die Kühbuben den Butter zu Fuß von der Alm ins Tal getragen, Almbuben hießen sie auch. Das waren ältere Kinder, ab einem Alter von etwa zehn Jahren. Auch mein Almbauer Klaus musste, als er klein war, noch als Kühbube arbeiten. Vor der Schule, nach der Schule und in den Ferien, außerdem gab es auch schulfreie Tage für die Bauernkinder während der Erntezeit im Sommer. Die Buben lebten über Wochen mit dem Senner oder der Sennerin auf der Alm. Dort halfen sie bei allen Tätigkeiten mit, bei denen sie gebraucht wurden. Ohne Melkmaschine und mit meist mehr als zwei Milchkühen war die Sennerin eine lange Zeit des Tages mit dem Melken beschäftigt. Die Kühbuben holten die Tiere von der Weide zum Melken in den Stall, sie mussten schwenden und Steine klauben. Außerdem wurden sie als Boten vom Tal auf die Alm und umgekehrt eingesetzt. Jeden zweiten oder dritten Tag trugen sie in der Rückentrage kiloweise Butter und Topfen ins Tal und nahmen auf dem Rückweg mit nach oben, was die Almerin in Auftrag gegeben hatte. Ich habe aber auch alte Fotos gesehen, auf denen die Almerinnen den Butter selbst ins Tal trugen – zu Fuß natürlich, von einem Mountainbike konnten sie damals nicht einmal träumen. Unglaublich, wie stark und zäh diese Frauen damals waren.

Da bin ich wirklich froh, dass Klaus den Butter mit dem Auto ins Tal fährt. Dort warten die Kunden schon auf den frischen Almbutter. Die gesamte Bauernfamilie verwendet ausschließlich Almbutter im Haushalt – in der Almsaison frisch und im Winterhalbjahr eingefroren. Was zu viel ist, wird zu Butterschmalz verarbeitet und ist dann als Schmalz auch ohne Tiefkühlung lange haltbar. Die Bäuerin backt darin Schmalzgebäck und verwendet ihn zum Kochen.

### DIE TÄGLICHE TOPFENFLUT

Zu Beginn bekommen meine kleinen Kälber noch einen Teil der Magermilch. Nach ein paar Wochen sind sie groß genug, um auch ohne Milch zurechtzukommen, dann kann ich die gesamte Milch verarbeiten. Aus der großen Menge Magermilch mache ich Topfen – das ist übrigens die bairische und österreichische Bezeichnung für Quark, nichts anderes. Außer dem anderen Wortgebrauch gibt es da keinen Unterschied. Von der Magermilch zum Topfen kommt man durch verschiedene Methoden: Vielerorts lässt man die Rohmilch ein paar Tage lang an einem warmen Ort stehen, dann säuert sie automatisch durch die bereits in der Milch enthaltenen Milchsäurebakterien. Die Milch stockt und wird dann durch leichtes Erhitzen zum Ausflocken gebracht. Durch ein feines Leinentuch gepresst wird diese Sauermilch zu einem leicht bröckeligen, trockenen Topfen, er heißt deshalb auch Bröseltopfen.

Ich bevorzuge den Labtopfen, weil er cremiger und schon nach einem Tag verzehrfertig ist. Für diese Art der Herstellung wird die Milch mit Lab dickgelegt, also zum Gerinnen gebracht. Lab ist ein Enzym aus dem Kälbermagen, das den Kälbern hilft, die viele Milch besser zu verdauen. Lab kann man in jeder Apotheke für wenig Geld kaufen.

# Topfenherstellung

*Topfen kann man in jedem Haushalt leicht selber machen. Man braucht dazu lediglich Milch, die nicht ultrahocherhitzt ist, am besten Biomilch direkt vom Bauern oder Vorzugsmilch oder Rohmilch aus dem Naturkosthandel. Für 1 Kilogramm Topfen braucht man etwa 5 Liter frische Milch.*

5 L MAGERMILCH

150 G BIO-NATURJOGHURT

4-5 TROPFEN LAB

**1** Die Milch in einem Topf auf etwa 25 °C erwärmen, am besten die Temperatur mit einem Milchthermometer kontrollieren.

**2** Den Joghurt zum Ansäuern einrühren, die Milch vom Herd nehmen und 1 bis 2 Stunden säuern lassen.

**3** Das Lab mit 1 EL Wasser verdünnen und gut untermischen. Das Lab bewirkt eine schnellere Gerinnung und dadurch die feinere Konsistenz des Topfens. Ich rechne als Faustregel mit einem Tropfen Lab pro Liter Milch. Den Topf nun zudecken und die Milch bei Zimmertemperatur (20-22 °C) für zwölf bis 24 Stunden stehen lassen.

**4** Mit einem großen Messer die gestockte Milch längs und quer in 5 cm große Quadrate schneiden. Man merkt schnell, dass an den Schnittflächen schon Molke austritt. Nun gibt man dem Topfen noch eine Stunde Zeit und schöpft den Bruch dann ab.

**5** Dafür ein großes, standfestes Nudelsieb in die Spüle stellen und mit einem groben Mulltuch (etwa einer Stoffwindel) auslegen. Das Tuch soll so groß sein, dass noch ausreichend Stoff vorhanden ist, um den Topfen darin einzudrehen und auszudrücken. Mit einem großen Schöpfer den Bruch in das Tuch schöpfen. Es dauert eine Weile, bis die Molke abgelaufen ist, man kann das am Schluss beschleunigen, indem man das Tuch über dem Topfen

zusammendreht und die Masse auswringt. Wer die sehr gesunde Molke trinken will, stellt vor dem Abschöpfen noch eine Schüssel unter das Sieb.

➤ Mein Almtopfen hält sich im Käsekeller etwa 2 bis 3 Tage, je nach Außentemperatur, daheim im Kühlschrank bis zu einer Woche. Meist gebe ich den Topfenüberschuss meinem Mann mit, damit er ihn zu Hause portionsweise einfriert. So habe ich den ganzen Winter über feinen Almtopfen für Topfenkuchen und -strudel.

Genau wie den Topfen stelle ich auch Frischkäse her. Das ist kein Frischkäse, wie man ihn im Supermarkt kauft, also Doppelrahmfrischkäse, sondern ein stabiler, schnittfester Käse – von der Konsistenz her ähnlich wie Mozzarella. Der Unterschied zum Topfen ist nur der Fettgehalt der Milch, aus der ich ihn mache: Die Milch für den Topfen hat etwa 1,5 Prozent Fett, für den Frischkäse verwende ich Vollmilch oder setze der Magermilch etwas Vollmilch zu. Außerdem wird durch die alte Zentrifuge auf der Rampoldalm die Milch ja nicht vollständig entrahmt, sie hat noch einen ganz ordentlichen Fettgehalt, sodass daraus ein sehr schmackhafter Käse wird. Diese Art von Käse ist innerhalb eines Tages zubereitet und zum sofortigen Verbrauch geeignet. Den Teil, der nicht gleich gegessen wird, schneide ich in Würfel und lege ihn mit oder ohne Kräuter in Öl ein – ich verwende Oliven- oder Rapsöl. Serviert wird er dann auf dem Brotzeitteller mit frischen Almkräutern oder Bärlauchpesto. Manchmal bestreue ich ihn auch noch mit rosa Pfefferbeeren, das sieht dekorativ aus und schmeckt gut.

Wenn man sich vorstellt, wie viel Topfen ich täglich produziere, wird klar, dass ich auch froh bin um meine Gäste, die begeistert täglich zwei Topfenstrudel aufessen. Aus dem Topfen mache ich auch meinen Kräutertopfen, der bei den Gästen ebenfalls sehr gut ankommt und den ich auch zusammen mit einer Scheibe Almbrot gern als Mittag- oder Abendessen verzehre.

Im ersten Almsommer habe ich auch gern Topfenkuchen gebacken, so heißt bei uns der Käsekuchen – bis ich im zweiten Sommer einmal einen Topfenstrudel ausprobierte. Der gelang auf Anhieb, die Gäste waren ganz wild darauf, und er ging mir bald schneller von der Hand als der Topfenkuchen. So blieb ich dabei und backe seither in meinen Almsommern unglaublich viel Topfenstrudel.

# Topfenkuchen

**FÜR DEN MÜRBTEIG:**

250 G MEHL

130 G BUTTER

100 G ZUCKER

1 PRISE SALZ

1 EI

1 TL BACKPULVER

ETWAS ABGERIEBENE SCHALE
EINER UNBEHANDELTEN ZITRONE

**FÜR DEN BELAG:**

1 KG MAGERTOPFEN

4 EIER

200 G ZUCKER

1 STAMPERL SCHNAPS
(OHNE ALKOHOL: 1 STAMPERL
HOLUNDERSIRUP)

2-3 TL ZITRONENSAFT

1 PRISE SALZ

2 PÄCKCHEN VANILLEPUDDING-
PULVER

50 G FLÜSSIGER BUTTER

100 G RAHM

300 ML MILCH

**1** Aus allen Zutaten für den Mürbteig einen glatten Teig kneten und in einer Schüssel zugedeckt 30 Minuten kühl stellen.

**2** Die Zutaten für den Belag in einer Schüssel gut verquirlen – nicht erschrecken, die Masse ist ziemlich flüssig.

**3** Zwei Drittel des Mürbteigs auswellen und in eine Springform (Durchmesser etwa 28-30 cm) legen. Aus dem restlichen Drittel einen langen Streifen formen, auswellen und den Rand der Springform damit auskleiden. Den Belag einfüllen.

**4** Den Backofen auf 170 °C schalten und den Kuchen darin etwa 60-75 Minuten backen. Gelegentlich die Backofentüre kurz öffnen, damit der heiße Dampf entweichen kann. Nach Ende der Backzeit den Ofen ausschalten und den Kuchen im Ofen erkalten lassen. Dabei die Ofentüre mit einem dazwischengeklemmten Kochlöffelstiel einen Spalt offen halten. So behält der Kuchen seine Form und fällt nicht zusammen.

▶ Das ist das Rezept für den Belag, wie ich ihn daheim zubereite. Auf der Alm habe ich das Rezept nach Gefühl gemacht, ohne etwas abzuwiegen. Der Almtopfen ist fester und fetthaltiger, deshalb brauche ich auf der Alm nur 1 Päckchen

Puddingpulver, damit der Belag stabil wird. Statt Butter, Rahm und Milch wie im Tal habe ich auf der Alm einen Schöpflöffel dicken Rahm zugegeben und ungefähr einen Viertelliter Buttermilch. Dabei habe ich aus dem frischen Buttermilchkübel die obere Schicht abgeschöpft, wo sich Butterflocken und dicker Rahm absetzten.

▶ Natürlich gibt es zig Rezepte für Käsekuchen und viele Vorlieben – die einen lieben eine weiche, fluffige Konsistenz des Topfenbelags, die anderen wollen den Belag eher fester und cremiger. Deshalb sollte man sich zwar ans Grundrezept halten, aber mit den Mengenverhältnissen und mit fetthaltigen und mageren Zutaten experimentieren, bis man zu seinem Lieblingsrezept kommt. Mein Topfenkuchen auf der Alm wurde deshalb auch jedes Mal anders: mal weicher, mal fester, mal cremiger, mal magerer. Aber eigentlich hat er immer gut geschmeckt.

▶ In der Heidelbeerzeit habe ich manchmal ein, zwei Handvoll Beeren gepflückt während meiner Wanderungen. Die habe ich dann entweder meinem Frühstücksmüsli beigegeben oder in die Topfenmasse von Topfenkuchen oder -strudel. Wirklich empfehlenswert.

*Tipp:* Wenn ich Zeit habe, lege ich gern noch aus dem Mürbteig ausgestochene kleine Plätzchen auf den Belag. Ich besitze einen Plätzchenausstecher in Kuhform. Das sieht hübsch aus, wenn kleine braune Kühe auf dem Käsekuchen schweben. Allerdings muss man dafür etwas mehr Mürbteig zubereiten, ich nehme dann 280 g Mehl und 150 g Butter für den Teig.

# Topfenstrudel

*Die Menge ergibt zwei große Strudel für eine große, rechteckige Reine oder Auflaufform.*

FÜR DEN TEIG:

250 G MEHL (WEIZENMEHL
TYPE 550; ODER HALB 550 UND
HALB DUNST)

1 EI

1 EL APFELESSIG

2 PRISEN SALZ

70 G ZERLASSENE BUTTER

5 EL WARMES WASSER

FÜR DIE FÜLLUNG:

4 EIER

100 G ZUCKER

100 G HONIG

1 KG TOPFEN (SELBST GEMACHT
ODER GEKAUFT; WENN GEKAUFT,
DANN HALBFETT: 20 %)

1 STAMPERL SCHNAPS (2-4 CL)

ABGERIEBENE SCHALE VON
1 UNBEHANDELTEN ZITRONE

200 G RAHM (ODER 100 G ZER-
LASSENE BUTTER BEI GEKAUFTEM
TOPFEN)

NACH BELIEBEN: 3 ÄPFEL ODER
6 APRIKOSEN

AUSSERDEM:

BUTTER UND ZUCKER FÜR DIE FORM

ZERLASSENER BUTTER ZUM BE-
STREICHEN

PUDERZUCKER ZUM BESTREUEN

1    Alle Zutaten für den Teig mischen, zu einem elastischen, glatten Teig verkneten und 30 Minuten ruhen lassen. Am besten unter einer darübergestülpten,
leicht angewärmten Porzellan- oder Glasschüssel.

**2** Für die Füllung Eier und Zucker schaumig schlagen. Die restlichen Zutaten unterrühren. Für eine Obstbeigabe die Äpfel schälen, das Kerngehäuse entfernen und das Fruchtfleisch in dünne Scheibchen schneiden. Oder die Aprikosen waschen, halbieren, den Stein entfernen und die Aprikosenhälften in dünne Spalten schneiden. Eine Auflaufform buttern und mit Zucker ausstreuen. Den Backofen auf 180 °C vorheizen.

**3** Die Hälfte des Teiges mit einem Teigroller auf einem Geschirrtuch so dünn wie möglich auswellen. Die Hälfte der Füllung – eventuell mit der Hälfte der vorbereiteten Fruchtstückchen – darauf verteilen, dabei einen Rand freilassen. Den Strudel mit Hilfe des Geschirrtuchs auf-

rollen und in die Form legen. Mit der zweiten Hälfte von Teig und Füllung ebenso verfahren.

**4** Den Strudel mit zerlassenem Butter bestreichen und 45 Minuten im Backofen backen. Herausnehmen, kurz abkühlen lassen, mit Puderzucker besieben und am besten lauwarm genießen.

*Tipp:* Gekaufter Topfen ist cremiger als mein selbst gemachter von der Alm. Deshalb ist es besser, gekauftem Topfen nicht 200 g Rahm, sondern 100 g zerlassenen Butter zuzugeben. Dann wird die Füllung nicht zu flüssig.

▶ Auf die Idee, den Strudelteig statt wie üblich mit Öl mit zerlassenem Butter zuzubereiten, bin ich durch eine Notsituation gekommen. Ich half einmal eine Woche lang auf einer Alm am Roß- und Buchstein in den Tegernseer Bergen aus. Meine Eltern hatten ihren Besuch angekündigt, und ich wollte sie mit einem Topfenstrudel überraschen. Topfen hatte ich mehr als genug – auf dieser Alm waren fünf Milchkühe zu versorgen und zu melken. Als ich den Strudelteig zubereiten wollte, fand ich aber in der gesamten Almhütte kein Öl, also nahm ich zerlassenen Butter.

▶ Bei der Füllung ging das Improvisieren weiter: Zucker gab es nur noch eine kleine Tasse voll, und das waren Würfelzuckerstückchen. Die löste ich in einem guten Stamperl Schnaps auf, die zweite Hälfte Zucker ersetzte ich durch Honig.

▶ Teig fertig, Füllung fertig – allerdings gab es zum Ausrollen des Teigs keinen Woigler (so sagen wir zum Nudelholz). Also nahm ich eine große Schnapsflasche dafür. So kam der Strudel doch noch ins Rohr, aber es vergingen weitere zwei Stunden, in denen ich zweifelte, ob er wohl vom Geschmack an meinen gewohnten Topfenstrudel herankommen würde. Meine Eltern kamen, wir probierten meinen »Notstrudel« – und waren alle überrascht, wie fein und mürb er schmeckte. Seitdem backe ich den Strudel nur noch nach diesem Rezept.

# SCHNITTKÄSE HERSTELLEN

Käsemachen ist eine Wissenschaft für sich. Die Herstellung von Käse, das Gelingen eines guten Käses, hängt von sehr vielen Faktoren ab. Das muss man sich vorstellen wie ein großes Zahnrad, das durch das Fehlen auch nur eines einzigen kleinen Zackens schon aus dem Takt geraten kann.

Interessant ist, dass die gleiche Sorte Käse bei mehr oder weniger gleicher Art der Herstellung bei jedem Käser und in jeder Region anders schmeckt. Da entscheidet vorrangig das Futter der Kühe über die Milchqualität und den Geschmack der Milch und damit auch über den des Käses.

Besonders auf der Alm, mit der Vielfalt an Kräutern und Bergblumen, die die Kühe zu sich nehmen, haben wir die besten Voraussetzungen für guten Käse. Es kommt nun auf den Käser oder die Käserin an, mit ihrem Wissen und einem guten Gespür die Milch zu veredeln. So viele Faktoren tragen zum Geschmack des Käses und seiner Qualität bei: Temperatur, Labmenge und unterschiedliche Säurekulturen, Bruchgröße, Pressung, Lagerung, Reifung. Auch die Muße beim Käsemachen und die Liebe zu der Tätigkeit sind von Bedeutung. Ein guter Käse braucht Zeit und Aufmerksamkeit. Als ich meinen Almbauern um Erlaubnis bat, Käse herstellen zu dürfen, stimmte er auch zu, dass ich einen Teil der Vollmilch fürs Käsen verwenden dürfte. Aus der Magermilch allein kann ich ja keinen Hartkäse produzieren. Das war ein enormer Vertrauensvorschuss des Almbauern – umso wichtiger war es mir, dass das Experiment auch gelang.

Die ersten Schritte beim Käsemachen habe ich, wie schon erzählt, mit meiner Mutter zusammen unternommen. Das konnte ich damals ja nicht wissen, aber zu Beginn meiner Almzeit war ich sehr froh über diese ersten Erfahrungen – betrat ich doch damit nicht komplettes Neuland, sondern hatte schon einmal aktiv bei der Herstellung von Butter und Magermilch, von Frischkäse, Topfen und Weichkäse

mitgearbeitet. Vor meiner ersten Almsaison besorgte ich mir ein Buch übers Käsemachen, es gibt da einige, die bei allen Almerinnen kursieren und die man sich gegenseitig empfiehlt, einfach, weil sie kurz, knapp und verständlich beschreiben, wie verschiedene Käse in Handarbeit hergestellt werden. Außerdem fragte ich die erfahrenen Almerinnen aus nach ihren speziellen Tipps, die mir den Start erleichterten. Im zweiten Almjahr hatte ich die Gelegenheit, einen Tag lang einem hervorragenden Käsemeister, dem Stadler Hubert, über die Schulter zu schauen und ihn mit Fragen löchern zu dürfen. Und danach heißt es einfach: loslegen, sich trauen und schauen, was daraus wird. Erfahrungen sammeln, Rückschläge einstecken, Methoden verbessern und weitermachen. Nach den ersten Erfolgen war ich glücklich und stolz und voller Experimentierfreude. Spannende Momente gab es, als ich den ersten Weich- und Schnittkäse nach sechs bis acht Wochen Reifung und Lagerung anschnitt. Dabei war ich nicht allein – nein: Ich traute mich, mit einer Terrasse voller hungriger und erwartungsvoller Gäste meine ersten Käse zu probieren. Zugegeben – meine Anspannung war vermutlich für alle spürbar. Aber dieses innere Glücksgefühl, als alle den Käse probierten und lobten, als alle beim Verkosten anerkennend nickten und zufrieden lächelten, das war unbeschreiblich. Dann sind all die Mühe und der wenige Schlaf, der mit der Käsearbeit verbunden ist, schnell in den Hintergrund gerückt.

Nach dem Zugeben von Lab wird die entstandene Dickmilch nämlich sorgfältig immer wieder kontrolliert und zum optimalen Zeitpunkt, wie beim Topfen, in kleine Würfel geschnitten. Vorsichtig rührt man den Käsebruch dann leicht um, damit an den Schnittflächen genügend Molke austreten kann, was zu einer besseren Festigkeit des Käses führt. Mit etwas Erfahrung und Gespür erkennt man an der Konsistenz der Bruchkörner, wann es Zeit ist zum Abschöpfen in die Formen. Die Käseformen sind zylindrische Behälter von unterschiedlicher Höhe und unterschiedlichem Durchmesser, die am Boden und an den Seiten mit Löchern versehen sind, damit die Molke ablaufen kann. Der Käse wird nun in den Formen mit verschiedenen Gewichten gepresst, damit er gleichmäßig fest wird, und in regelmäßigen Abständen gewendet. Dann nehme ich die Käse jeweils aus den Formen heraus und lege sie für einige Stunden ins Salzbad – das ist eine Wanne mit konzentriertem Salzwasser, tief genug, dass die Käse rundherum bedeckt sind. Nur hochwertiges Meer- oder

Steinsalz verwende ich dafür. Ist der Käse nach dem Bad wieder abgetrocknet, reift er im Keller weiter. Der alte Käsekeller bietet dafür die optimalen Bedingungen. Vier bis acht Wochen lang muss der Käse reifen, je nach Sorte. Vor allem die Raumtemperatur beeinflusst die Reifung. Zu Beginn der Almzeit ist es dem Käse oft noch zu kalt. Das Thermometer zeigt Ende Mai meist nur sieben bis zehn Grad Celsius, was der Rotschimmelkultur definitiv zu kalt ist. Nach ein paar Wochen, wenn das Wetter sich bessert und die Temperatur steigt, fängt auch die Rinde des Käses an, Farbe zu bekommen. Problematisch ist die oft im Juni einsetzende Kälteperiode mit viel Regen, die hier oben sogar mit Schnee und Minusgraden einhergeht – die Schafskälte. Aber auch die übersteht ein Almkäse.

Schlimmer ist es, wenn im Hochsommer die Fliegen kommen. Ich passe zwar gut auf, dass mir keines der Biester in den Käsekeller gelangt, aber hie und da schafft es doch eins. Sie sitzen gern versteckt in den Ecken des Türrahmens der Kellertür und nutzen ihre Chance, wenn man nichts ahnend die Tür öffnet. Passiert das wirklich einmal, muss ich sie so lange jagen, bis ich sie erwischt habe. Und wenn ich beim Gang in den Käsekeller entdecke, dass sich eine Fliege im Keller befindet, die ich nicht gesehen habe, nehme ich meine gute Taschenlampe und inspiziere jeden Quadratzentimeter meiner vielen Käselaibe, um rechtzeitig festzustellen, ob eine Fliege hier schon Unheil angerichtet hat. Klaus Vogt hat inzwischen einen wunderbaren Käseschrank gebaut, mit einem feinen Drahtgitter in den vorderen Türen, sodass inzwischen keine Fliege mehr an die Käse gelangen kann.

Zur täglichen Käsepflege gehört es, dass ich jeden Tag jeden Käse mit Salzwasser abreibe und den Laib dabei einmal umdrehe. Dieser Vorgang wird »Schmieren« genannt, weil durch die Behandlung mit der Naturbürste eine salzige Schmierschicht auf der Käserinde entsteht, die Schutz vor falschen Schimmelpilzen gewährleistet.

Die Bretter, auf denen die Käse lagern, reinige ich alle paar Tage mit heißem Essigwasser und stelle sie in die Sonne zum Trocknen, damit auch sie
keine Bakterienträger sind.

Das Schmieren der Käselaibe erfordert viel Aufmerksamkeit, Zeit und
Ruhe. Oft komme ich erst abends dazu und konzentriere mich dann ausgiebig
auf jeden einzelnen Laib. An Geruch, Festigkeit und Farbe kann ich während
der Reifezeit schon ahnen, ob ich mein Handwerk gewissenhaft ausgeübt habe.
Es ist schon wahr, was die erfahrenen Käsemeister sagen: »Ein Käse verzeiht
nichts.« Das stimmt wirklich: Habe ich nicht genug Zeit zum Käsen und erledige ich die tägliche Käsepflege in großer Eile und hektisch, büßt der Käse
meist an Qualität ein.

Das Käsen macht mir sehr viel Freude, und es ist zutiefst befriedigend für
mich, wenn ich die schönen Käselaibe nebeneinander auf den Brettern liegen
sehe. Schmeckt er dann noch gut und bekomme ich obendrein ein Lob vom
Käsemeister, bin ich rundum glücklich und vergesse schnell die vielen Stunden
der Käsepflege. Denn der Stadler Hubert, einer meiner Käse-Lehrmeister, hat
mich jeden Sommer auf der Alm besucht und meine verschiedenen Käse
durchprobiert.

Wenn ich mir dann erst vorstelle, wie oft ein Käse gewendet und geschmiert
werden muss, der ein halbes oder ein ganzes Jahr reifen muss, dann werde ich
richtig ehrfürchtig.

## EXPERIMENT CAMEMBERT

Im dritten Jahr versuchte ich mich auch an der Herstellung von Camembert.
Dazu ermunterte mich der Stadler Hubert. Ich war nämlich der Meinung,
Camembert, das sei sicher unglaublich schwierig mit dieser Schimmelrinde,
das würde ich nicht schaffen. Dass Hubert überzeugt davon war, dass ich das
auch konnte, beflügelte mich ungemein – und so wagte ich den Versuch. Beim
Camembert werden der noch kuhwarmen Vollmilch direkt nach dem Melken
zu den Säure- noch spezielle Schimmelkulturen zugesetzt. Nach etwa einer
Stunde gibt man dann das Lab zu. Der Bruch wird abgeschöpft wie bei der
Weichkäseherstellung. Für den Camembert verwende ich allerdings kleinere
Formen und erhalte aus zehn Litern Milch zehn bis 15 schöne Camemberts.

Nach dem Abschöpfen des Bruchs in die Formen wende ich die Käse in immer größeren Abständen, damit er gleichmäßig abtropft. Nach 24 Stunden sind die Käserohlinge stabil genug, dass ich sie aus den Formen nehmen und ins Salzbad legen kann. Eine Stunde etwa bleiben sie in der Lake, dann kommen sie im Keller auf ein Gitter zum Reifen. Mit etwas Glück wird nach einigen Tagen ein weißer Schimmelteppich auf dem Käse sichtbar, der sich von Tag zu Tag vergrößert. Nach drei Wochen etwa ist der Camembert genussreif und mit schönem weißem Edelschimmel überzogen. So weit die Theorie.

In der Praxis reichten meine Erfahrung mit der Camembertproduktion von außerordentlich beglückend bis furchtbar ärgerlich.

Die erste Herausforderung ist es, einen schönen Rohling, so nennt man den frisch abgetropften kleinen Käselaib, mit der richtigen Konsistenz herzustellen. Ein Camembert soll ja am Ende weich, cremig und wenn möglich innen kernweich sein. So wie man es bei den Franzosen kennt: ein Käse, dessen Schnittfläche sich mir leicht entgegenwölbt. In Deutschland bevorzugen viele zwar eine feste Konsistenz, aber ich bin da eher bei den Franzosen.

Schon beim ersten Versuch war ich mit meinen Rohlingen zufrieden. Nach dem Zusetzen der Schimmelkultur wartete ich gespannt – und am fünften Tag ging's los: Täglich konnte ich beobachten, wie sich der frische Käse immer mehr zu einer flauschigen Kugel entwickelte. Ich war begeistert, faszi-

niert und freute mich ungemein. Nach etwa drei Wochen schnitt ich meinen ersten selbst produzierten Camembert an. Seine Schnittfläche wölbte sich, wie ich es liebe, und so schmeckte er auch: cremig, mit einer guten Würze und dennoch fein. Ich war mit meiner ersten Produktion absolut zufrieden.

Voller Euphorie startete ich gleich meinen zweiten Versuch. Der Schimmel wuchs wieder wunderbar, und auf den ersten Blick war alles, wie es sein sollte. Da die Beleuchtung meines Kellers allerdings zu wünschen übrig ließ, sah ich das Malheur erst sehr spät. Auf den schönen kleinen, weißen Kugeln bewegte sich doch etwas! Mit Hilfe einer guten Taschenlampe konnte ich sie dann genau erkennen: winzig kleine Maden – wo kamen die her, die konnten doch nicht von einer Fleischfliege stammen? In diesem Moment hätte ich fast geweint. Ein Dutzend wunderbare selbst gemachte Camemberts – nicht mehr essbar! Mein Mann tröstete mich mit den Worten: Nun bekommen unsere Hühner heute auch einmal ein Festmahl. Dieses Erlebnis hat mir die Lust an der Camembert-Herstellung irgendwie verdorben – obwohl die Käse ja eigentlich gut geworden sind.

Die große Gefahr beim Camembert ist übrigens vor allem eine Besiedlung mit fremden Schimmelpilzen. Wachsen kleine schwarze Sporen auf meinem schönen Camembert, muss ich ihn leider wegwerfen. Oder, besser gesagt, dann freuen sich meine Hühner wieder einmal über eine Extraportion Eiweiß. Beim Käsen, nicht nur bei der Camembert-Herstellung, ist es übrigens auch enorm wichtig, dass keine Türen offen stehen, denn der Käse mag keine Zugluft. Auch Hektik und Zeitmangel führen zu einem Qualitätsverlust – einfacher gesagt: Guter Käse muss mit Liebe gemacht werden.

# Das Essen
# auf der Alm

*J*a, das mit dem Essen auf der Alm ist so eine Sache – also, mit dem, was ich esse. Oft werde ich gefragt, wie ich mich denn den ganzen Tag ernähre. Kurz gesagt: sehr einfach und ziemlich spontan. Viele Leute können nicht verstehen, dass ich mir nicht regelmäßig etwas Warmes koche. Aber ich bin hier auf der Alm völlig zufrieden mit den guten Lebensmitteln, die ich selbst produziere. Sie machen einen Großteil meines Speiseplans aus. Milch, Topfen, Käse, Butter stehen mir ständig in quasi beliebiger Menge zur Verfügung. Meine vier Hennen liefern mir die Eier. Kräuter und Würzzutaten hole ich mir oft bei meinen Gängen über das Almgebiet. Ansonsten habe ich mich bei einem Biobauern in Niederbayern vor Beginn der Almzeit mit einem Vorrat von Schwarzgeräuchertem eingedeckt. Der Speck reicht für die Almbrotzeit, die ich meinen Gästen serviere, und für mich. Er lässt sich mit einem Messer gut aufschneiden, im Gegensatz zum roh Geräucherten, für das man eine Maschine bräuchte, um es richtig schön dünn geschnitten servieren zu können. Dinkel- und Roggenmehl für Brot, Strudel und Schmarrn habe ich in Zehn-Kilo-Säcken vorrätig, und ein Sack Kartoffeln lagert im Keller. Das reicht an Grundnahrungsmitteln für die Almsaison. Das Brot backe ich selbst – mit Molke, Buttermilch, Brennnesselsamen oder Kräutern darin wird das ein gesundes Holzofenbrot.

# *Mein Almbrot*

JE 500 G ROGGENMEHL, DINKELVOLLKORNMEHL, DINKEL-MEHL (TYPE 1050)

1 PCK. TROCKENHEFE

1 TL HONIG

1 EL GETROCKNETER SAUERTEIG (BIOLADEN, REFORMHAUS)

1 EL GEMAHLENES BROTGEWÜRZ (ODER SELBST GEMISCHT AUS KORIANDERKÖRNERN, KÜMMEL, ANIS)

1 EL KÜMMEL

1 GESTRICHENER EL GEMAHLENER SCHABZIGERKLEE (BIOLADEN, KRÄUTERLADEN, MÜHLENLADEN)

2,5 EL STEINSALZ

2 HANDVOLL SONNENBLUMENKER-NE ODER 1 HANDVOLL BRENNNES-SELSAMEN

¾ L LAUWARMES WASSER (ODER ½ L WASSER + ¼ L MOLKE ODER BUTTERMILCH)

1 Alle Zutaten außer der Flüssigkeit gebe ich in eine große Schüssel. Dann gieße ich die Flüssigkeit dazu und vermische alles. Damit ein glatter, geschmeidiger Teig entsteht, wird's nun anstrengend für meine Oberarme, weil ich auf der Alm ja keine Küchenmaschine habe: Man muss etwa zehn bis 15 Minuten kräftig kneten, bis der Teig nicht mehr klebt und schön elastisch ist. Ich liebe es, am großen Holztisch in der Stube zu stehen und mit den Händen den warmen, weichen Teig zu bearbeiten, zu fühlen, wie er sich verändert und allmählich richtig wird fürs Brot. Das kann jeder spüren, man muss es nur einmal wieder machen, das Kneten mit der Hand. Ich finde, das Brot schmeckt auch besser, wenn es mit der Hand – und mit Liebe! – geknetet wurde.

2 Meine rechteckige Reine, das ist die Auflaufform, die ich auch für den Topfenstrudel verwende, lege ich mit Butterbrotpapier aus. Wenn ich im Tal bin,

nehme ich auch Backpapier dafür. Den Teig forme ich zu einem länglichen Fladen und lege ihn in die Reine. Dort geht er, in der warmen Stube ohne Zugluft, etwa zwei Stunden lang. Wenn ich daheim bin, stelle ich ihn auch mal neben die Heizung zum Gehen.

3 Sobald der Teig schön aufgegangen ist, lege ich im Ofen noch einmal Holz nach und backe das Brot 45 bis 50 Minuten. Im elektrischen Backofen muss man 200–220 °C einstellen. Ins Backrohr meines Holzofens gieße ich zu Beginn der Backzeit gern einen Schuss heißes Wasser, um eine schöne Krume zu erhalten.

Im Elektroofen kann man das Brot zu Beginn mit Wasser besprühen oder eine Schale heißes Wasser auf den Boden des Backrohrs stellen.

◆ Mein Brot hält, in ein Leinentuch gewickelt und in der Speisekammer aufbewahrt, mehrere Tage schön frisch.

◆ Auf der Alm verwende ich Trockenhefe und Sauerteigextrakt, weil ich das Brot in demselben Raum zubereite, in dem ich auch Käse und Topfen mache – ich habe ja nur den einen Raum, und der ist Küche und Stube zugleich. Bei frischem Sauerteig und frischer Hefe wäre die Gefahr zu groß, dass Hefesporen auf die Käseproduktion übergreifen und der Käse dadurch verderben würde. Im Tal nehme ich für das Brot auch frische Hefe und selbst angesetzten Sauerteig.

◆ Auch das Backen in der Emaille-Auflaufform hat sich bewährt. Ich bin dadurch nicht so festgelegt, das Brot punktgenau in den Ofen zu schieben. Während der Teig geht, mache ich meine vormittägliche Wanderung über die Weiden, um das Jungvieh zu zählen. Wenn ich dann einmal länger als zwei Stunden unterwegs bin, fließt der Teig nicht auseinander, wie es passieren könnte, wenn ich einen Laib formen und ihn auf einem Blech gehen lassen würde.

◆ Das Backen im Holzofen funktioniert übrigens hervorragend! Wenn Sie einen holzbefeuerten Ofen mit Backrohr haben, probieren Sie es einfach aus. Anfangs war ich unsicher, wie ich das mit der Temperatur hinbekommen würde. Man kann ja nicht einfach auf 200 °C schalten wie in einer modernen Küche, und das Backrohr im Almofen hat auch kein Fensterchen, durch das ich mein Brot kontrollieren könnte. Aber inzwischen habe ich gelernt, dass ich einfach nach Gefühl arbeiten muss. Jeder Ofen reagiert unterschiedlich. Es macht mir Spaß, mit der Wärmezufuhr zu experimentieren – ich schaue ab und zu ins Rohr hinein. Wenn es zu heiß ist da drin, öffne ich das Rohr einen Spalt und lasse etwas Hitze heraus. Nach der Hälfte der Backzeit drehe ich das Brot um, sodass die Vorderseite nach hinten schaut. So bräunt mein Brot gleichmäßig. Und ich bilde mir ein, es schmeckt einfach besser als das aus dem Elektroofen.

Zum Frühstück esse ich Müsli. Dafür drehe ich Haferkörner durch die Quetsche, mische Kräuter und Blüten darunter, die ich gesammelt habe, und Obst, wenn vorhanden. Vor allem klein gehackte Brennnesseln rühre ich fast jeden Tag ins Müsli, sie geben einen ganz eigenen, herzhaften Geschmack, der gut zum Hafer passt. Mit etwas Buttermilch ist das die erste und die wichtigste Mahlzeit, die mich lange satt hält. Ich habe ja schon drei bis vier Stunden gearbeitet, wenn ich mein Frühstück zubereite. Darauf freue ich mich entsprechend lange – dazu gibt es ein Haferl Kaffee, natürlich mit der Hand aufgegossen. Ich finde, das auf dem Holzfeuer erhitzte Wasser, das ich von Hand über das Kaffeepulver gieße, ergibt einen Kaffee, der besser und intensiver

schmeckt als der, der aus der Kaffeemaschine kommt. Vielleicht liegt es aber auch nur daran, dass hier oben in der guten Luft, nach der harten Arbeit, alles doppelt so gut schmeckt wie unten? Allerdings habe ich auch daheim im Tal keine Kaffeemaschine. Erstens schmeckt mir der Kaffee handaufgegossen besser, und zweitens möchte ich mich nicht mit Maschinen umgeben, wo es nicht nötig ist. Meine Umwelt ist ohnehin schon technisiert genug, überall blinkt und piepst es, und das muss ich nicht noch unnötig fördern, finde ich.

Apropos Frühstück: Der Wast von der Jacklbergalm bereitet sich jeden Morgen einen Almschmarrn als kräftige Mahlzeit zu. Wir Almerinnen freuen uns schon immer darauf, wenn wir bei ihm zu Besuch sind und er uns seinen Schmarrn serviert – ein Hochgenuss. Der Wast hat mir auch das Rezept verraten, seitdem gibt es den bei uns auch manchmal, wenn Besuch kommt. Und sogar mein Mann Franz bereitet sich den Schmarrn gern zum Frühstück zu, wenn er allein daheim ist, weil er dann, wie er sagt, bis zum späten Nachmittag angenehm satt ist.

# Almschmarrn

*Für 1 Portion*

- - - - - - - - - - - - - - - - - - - - - - - - - -

2 EIER

2,5 EL MEHL

SALZ

80 G BUTTER

PUDERZUCKER ZUM BESTREUEN

- - - - - - - - - - - - - - - - - - - - - - - - - -

**1** Eier mit Mehl und Salz verquirlen. So viel Wasser zufügen, dass ein dickflüssiger Teig entsteht – je nach Eiergröße braucht man etwa 70-80 ml.

**2** In einer Pfanne (Durchmesser 20 cm) – Wast besteht darauf, dass es eine gute Eisenpfanne sein muss – die Hälfte des Butters erhitzen und den Teig eingießen. Sobald die Masse sich auf der Unterseite goldgelb färbt, den Schmarrn umdrehen und backen, bis auch die andere Seite gebacken ist.

**3** Den Schmarrn mit einem Pfannenwender in kleine Stücke stechen, den restlichen Butter zugeben und die Teigstücke unter mehrmaligem Wenden knusprig backen.

**4** Mit Puderzucker bestreut servieren.

▶ Herzlichen Dank dem Wast von der Jacklbergalm für die Erlaubnis, sein Schmarrnrezept hier abdrucken zu dürfen. Wast erzählte mir, dass er Kaiserschmarrn früher nicht vertrug, obwohl er ihn so gern aß. Da erinnerte er sich an die alten Rezepte, in denen die Milch im Schmarrn durch Wasser ersetzt wurde. Seit er den Schmarrn so zubereitet, verträgt er ihn wieder, und er wird besonders knusprig. Für vier Personen braucht man dann ein halbes Pfund Butter – wem das zu viel ist, der kann weniger verwenden. Aber die alte Almerer-Grundregel stimmt schon: »Ein Schmarrn schmeckt nur gut, wenn man am Fett nicht spart.«

Mittags komme ich selten zum Essen. Der Vormittag ist ausgefüllt mit Käsen, Koima zählen, Almpflege und anderen Arbeiten auf den Weiden. Wenn ich dann zurückkomme von meiner Runde, warten oft schon hungrige und durstige Wanderer auf mich.

Aus dem Topfen backe ich regelmäßig einen Topfenstrudel. Den esse ich selbst sehr gern, und meine Gäste sind begeistert. Frischen, selbst gemachten Topfenstrudel aus Topfen, der auf der Alm produziert wurde, den gibt es nicht auf jeder Alm. So besteht mein verspätetes Mittagessen oft aus einem Stück Strudel beim Ratsch mit den Gästen. Ich liebe auch mein frisches Brot mit Almbutter bestrichen und mit Schnittlauch bestreut, den ich in meinen Kräutertöpfen ziehe. Allenfalls Kartoffeln koche ich mir manchmal: mit frischem Topfen dazu und mit gutem Salz bestreut schmeckt mir das hervorragend.

Obst und Gemüse knabbere ich gern roh, Äpfel und Trauben wandern ins Müsli. Wenn sich Freunde anmelden, dann wissen sie schon, dass ich Frisches als Mitbringsel vorziehe. Nicht, dass ich etwas gegen Schokolade und Pralinen hätte! Anfangs wollten viele mir eine Freude machen und zogen Süßigkeiten aus dem Rucksack, die ich doch sicher vermissen würde auf der Alm. Doch ein Zuviel des Guten schafft auch eine Almerin nicht mehr.

Abends nach der Stallarbeit bin ich zum Kochen meist zu müde, und oft sind noch Mountainbiker zu verköstigen, die schnell nach Feierabend auf die Alm fahren. Ich setze mich dann mit einem Stück selbst gebackenem Brot mit Almbutter, einer Gurke oder einer Tomate und einem Glas Wein zu meinen Gästen und bin zufrieden. Denn, abgesehen davon, dass ich gar kein Bedürfnis nach aufwendig gekochten Speisen habe: Wie sollte ich das auch machen, wenn ich Besuch habe? Ich würde niemals drin, in der Almstube, eine Suppe für mich kochen und mich dann mit meinem Essen auf die Terrasse setzen zu den Gästen, die ihre Brotzeit verzehren. Aber mich mit meiner Suppe in die Stube zurückzuziehen und die Gäste draußen allein sitzen zu lassen, das käme für mich auch nicht in Frage. Kochen kann ich das ganze restliche Jahr über, von Oktober bis April, wenn ich daheim im Tal bin. Oben auf der Alm stellt mich die einfache Kost restlos zufrieden. Es freut mich, zu sehen, was ich dort mit meinen eigenen Händen herstellen kann. Und ich muss zugeben, ich bin auch ein wenig stolz, dass ich zu einem großen Teil autark bin. Abwechslung vermisse ich nicht, und die Vorteile meines reduzierten Alm-Speiseplans sind auch nicht zu verachten:

Ich muss mir nicht den Kopf zerbrechen, was ich heute kochen könnte, was ich dafür brauche, und muss nicht ständig zum Einkaufen fahren. Nein, hier oben ist das Einfache für mich vollendeter Genuss.

Ein weiterer Grund, weshalb ich die Almerzeugnisse – Butter, Käse, Topfen und Milch – so schätze, ist der hohe Omega-3-Gehalt in diesen Lebensmitteln. Heutzutage bekommen wir Menschen diese wichtigen Fettsäuren – früher hießen sie einfach Vitamin F – aus natürlichen Quellen nur noch über Seefisch und Algen, Walnüsse und Leinöl in ausreichender Menge. Viele, die um ihre Gesundheit besorgt sind, schlucken sogar täglich Kapseln mit Fischöl. Ich habe mich immer gefragt, wie früher die Menschen in unserer Regi-

on, in Bayern, weit entfernt von jedem Meer, ihren Bedarf gedeckt haben. Und genau hier sind wir beim Thema! Inzwischen haben Wissenschaftler nachgewiesen, dass Rinder aus extensiver Weidehaltung, wie der althergebrachten Almweide im Sommer, in ihrer Milch und ihrem Fleisch ein Vielfaches an Omega-3-Fettsäuren liefern im Vergleich zu Tieren aus konventioneller Haltung. Die Vielfalt an Kräutern, die so nur noch in unseren Almregionen vorkommt und von den Tieren gefressen wird, ist dafür verantwortlich. Über das Fleisch dieser Tiere und über die Milchprodukte nimmt der Mensch dann diese wichtigen Stoffe zu sich, die er zum Gesundbleiben benötigt. Für mich ist das wieder ein Beweis dafür, dass wir eigentlich alles vor der Haustür haben, was wir zum Leben brauchen – wir müssen uns nur darauf einlassen, genauer hinzusehen und ein wenig einfacher zu leben.

Das ist meiner Meinung nach übrigens auch die Antwort auf die Frage, warum das Nahrungsmittel Milch seit einiger Zeit verteufelt wird und für eine Vielzahl von Krankheiten und Beschwerden verantwortlich gemacht wird. Vegane Bücher und Zeitschriften boomen, und glaubt man den Berichten in den Medien, nimmt die Zahl der Veganer in unserer Gesellschaft rapide zu. Verstehen Sie mich nicht falsch, auch ich bin dafür, Tiere artgerecht zu halten und nicht zu quälen, wenig Fleisch und viel Pflanzliches zu essen. Nicht von ungefähr habe ich eine Ausbildung zur Ernährungsberaterin gemacht – ich setze mich seit Jahren mit dem Thema auseinander. Sicher ist es richtig, dass viele Krankheiten durch zu hohen Milchkonsum gefördert werden können. Doch warum ruft man nicht einfach zur Mäßigung auf, sondern verteufelt die Milch generell und alle Produkte, die aus ihr hergestellt werden? Warum müssen wir von einem Extrem ins andere fallen und werden jetzt plötzlich angehalten, komplett auf Milchprodukte zu verzichten? Von allen Seiten erfahre ich, dass die Menschen stark verunsichert sind, was ihre Ernährung betrifft und speziell das Thema Milch. Ich selbst esse gern guten Käse, und ich liebe Schlagrahm – am besten in Kombination mit einem Stück Zwetschgendatschi. Milch und Joghurt stehen dagegen seltener auf meinem Speiseplan. Als ich mich vor ein paar Jahren dann entschied, Almerin zu werden, beschäftigte mich das Thema Milch in der Ernährung natürlich erneut. Oft kreisten meine Gedanken um die Frage, warum die Sennerinnen, Senner und Almbauern, die alle reichlich ihre Almprodukte verzehren, vor Gesundheit und Vitalität strotzen? Die Generationen unserer Eltern und Großeltern litten kaum unter Allergien und Unverträglichkeiten, für sie war Milch ein wertvolles Grundnahrungsmittel. Wie oft haben mir die Alten erzählt, dass gekochte Kartoffeln und ein, zwei Becher Milch ein regelmäßiges Mittag- oder Abendessen waren. Früher scheint Milch also kein Problem gewesen zu sein – was macht sie heute zum Auslöser von Krankheiten? Inzwischen bin ich zu der Überzeugung gekommen, dass die Milch, wie sie früher produziert wurde, als die Kühe den Sommer über auf der Weide waren und im Winter Heu von den eigenen Wiesen bekamen, dass diese Milch ebenso gesund war wie heute noch die Almmilch. Es ist wohl die aus Massentierhaltung stammende Milch, homogenisiert und oft noch ultra-

hocherhitzt, die uns nicht mehr bekommt. Deshalb trinke und esse ich meine Almprodukte – voller Überzeugung, dass sie mich gesund erhalten und nicht krank machen. Und meine Jahre auf der Alm, in denen ich nie krank war, bestätigen mich.

# Unterwegs im Almgebiet

*M*eine liebste Zeit sind die Stunden am Vormittag, wenn das Melken und die Milchverarbeitung hinter mir liegen. Dann ziehe ich die festen Bergschuhe an, nehme meinen Almstock und gehe hinaus zu den Kühen, den Kälbern und den Kalbinnen: Koima zählen. Da mache ich mir immer wieder bewusst, dass ich die Verantwortung für die gesamte große Almfläche und für über 50 Rinder habe, und das erfüllt mich mit großem Stolz.

Dieses Ritual, übers Almgebiet zu gehen und die Tiere zu zählen, eine Tätigkeit, die wirklich immer, jeden Tag, gemacht werden muss, gibt mir Kraft bis zum Abend. Einfach loszugehen, zu erspüren, wo die Tiere heute sein könnten, dem Klang der Kuhglocken zu folgen, bis ich meinen gesamten Viehbestand vollzählig weiß, das sind Stunden, die zwar Energie und Kondition brauchen, die mich aber in den allermeisten Fällen glücklich und innerlich entspannt zurückkommen lassen. Ob das eine, zwei oder – wie so oft – mehrere Stunden in Anspruch nimmt, ist einerlei. Entscheidend ist nur, dass jedes Tier auffindbar und gesund ist.

# MEIN ALMSTOCK

*E*ine Almerin oder einen Almerer wird man selten ohne seinen Stock in der Hand sehen. Der Bergstock oder Almstock ist ein wichtiges Utensil hier auf der Alm. Im Lauf der Almzeit verwächst man fast mit dem eigenen Stock – er gehört dazu, wenn man stundenlang über die Weiden geht. Von weitem bin ich für alle erkennbar als Sennerin – auch darauf bin ich stolz. Ohne meinen Almstock verlasse ich deshalb nicht die Hütte, wenn ich zu meinen Tieren gehe.

Der Stock ist ungefähr so lang, wie ich groß bin, sogar etwas größer, 1,80 Meter vielleicht. Er ist nicht besonders dick, optimal sind drei Zentimeter Durchmesser. Dadurch ist er stabil und gleichzeitig flexibel und nicht zu schwer. Man verwendet dafür einen Haselnusstrieb, der gerade gewachsen und wenig verzweigt ist. Den Almstecken schneidet man schon im Jahr vor der Almsaison, im Oktober oder November. Dann haben die Haselbüsche schon ihre Säfte ins Innere des Wurzelstocks zurückgezogen, die Triebe sind außer Saft.

Die rauen Stellen werden entfernt, damit man sich nicht an den Händen verletzt und mit dem Stecken nicht hängen bleibt auf dem Weg über den Berg. Schön glatt wird die Oberfläche des Steckens auch durch den täglichen Gebrauch: Gerade an den Stellen, an denen ich ihn in der Hand halte, ist er nach ein paar Wochen richtig seidig glatt, wie ein Handschmeichler – und doch so rau, dass er mir Halt gibt und ich nicht abgleite von seiner Rinde. Der Stecken wird zu meinem verlängerten Arm – wenn ich die Tiere in Richtung Stall geleite, wenn ich mich beim Gehen auf unebenem Gelände abstütze oder wenn ich mich kurz ausruhe und auf meinem Almstock abstütze.

Dass er zu mir gehört, wird durch die schlichten Verzierungen deutlich: Meine Initialen M F sind am oberen Ende in den Stock eingeritzt. Manche Almer schnitzen auch kunstvolle Muster in ihren Stecken. Das untere Ende meines Steckens ist mit einer Eisenspitze verstärkt – so gibt er mir im rutschigen Gelände mehr Halt und kann sogar als Werkzeug benutzt werden.

Jeder Almstock ist ein Original, und so unterschiedlich die Almleute sind, so gleicht auch kein Stock dem anderen. Den Stock behält man von einem zum nächsten Almsommer, und für jeden absolvierten Almsommer darf man eine Kerbe für das Jahr einritzen. Die alten Almerer sagen, dass man so lange auf die Alm geht, bis auf dem Stock kein Platz mehr für eine weitere Kerbe ist.

Zum Almabtrieb wird der Stock geschmückt: Am oberen Ende bindet man ein Sträußchen Almrausch und eine Seidenblume an. Denn auch für den Almstock ist die Saison dann vorbei, er bleibt den Winter über mit der Sennerin im Tal – vielleicht wird die Eisenspitze gerichtet, damit er wieder einsatzbereit ist fürs nächste Jahr.

Dabei komme ich weit herum, meistens auf den Gipfel der Rampoldplatte, hinunter auf dem Weg, der zur Schlossalm führt, und, wenn Zeit ist, mache ich noch einen Abstecher zur Hochsalwand. Von hier bietet sich ein schöner Blick auf den Wendelstein mit seiner Zahnradbahn, die von hier oben wie eine Spielzeugeisenbahn aussieht. Gleichzeitig beobachte ich natürlich die Koima, ich muss schauen, ob sich ein Tier verletzt hat oder krank ist. Es reicht also nicht, wenn ich die Kalbinnen von meinem Standort aus sehen und zählen kann – ich steige ab oder auf, je nachdem, wo ich die Tiere erblicke, gehe zu jeder einzelnen Kalbin hin, damit ich ja nichts übersehe. Das kann natürlich dauern, wenn ich rauf- und runtersteige, steile Wiesen hinauf- und wieder hinabgehe oder hoch auf den Grat laufe, der von der Rampoldplatte nach Westen führt. Dort stehen die Tiere bevorzugt im Hochsommer, wenn oben ein Lüftchen weht, das die lästigen Rinderbremsen verscheucht.

Auf meiner Tour kontrolliere ich auch die übers Gebiet verteilten Brunnen. Es ist essentiell wichtig, dass alle Trinkstellen der Tiere immer Wasser führen. Die Brunnen sind Orte, an denen das gesammelte Oberflächenwasser in einen Trog geleitet wird, damit die Tiere ihren Durst stillen können. Wenn man bedenkt, dass jedes Kalb täglich zehn bis 20 Liter Wasser trinkt und jede erwachsene Kuh 40 bis 80 Liter, dann kann man sich vorstellen, welche Mengen zur Verfügung stehen müssen. Ist einer der vier über das weitläufige Almgebiet verteilten Brunnen verstopft und spendet kein Wasser mehr, muss ich schnellstens dafür sorgen, dass er repariert wird. Entweder ich schaffe das selber, oder, wenn eine Menge Steine oder Erde abgerutscht sind, die den Brunnen verstopfen, und ich nicht alleine zurechtkomme, rufe ich den Bauern mit dem Handy an und wir arbeiten zu zweit.

Auch die Zäune überprüfe ich bei meinen Gängen über den Berg. Die größeren Koima sind nach oben, um den Gipfel herum, gezäunt. Das heißt, dass ein sehr langer Zaun rund um die höchste Erhebung der Rampoldplatte verläuft, innerhalb dessen die Kalbinnen ihre Weide haben. Das Weidegebiet unterhalb, rund um die Hütte, ist den Kälbern und den Milchkühen vorbehalten. Aber auch sie werden nach unten, Richtung Tal, durch Zäune und durch Weideroste auf dem Fahrweg davon abgehalten, weiter ins Tal abzusteigen. Als Huftiere gehen Kühe ja instinktiv nicht über Roste, weil sie dabei nicht sicher stehen und gehen können. Die Weideroste müssen wie auch die Zäune stets in gutem Zustand sein und funktionieren, damit die Tiere nicht abhandenkommen. Das sind viele Kilometer, die ich ablaufe jeden Tag. Nicht selten werden Zaunpfosten von den Tieren flachgelegt oder durch Wildwechsel beschädigt. Wenn ich feststelle, dass der Zaun an irgendeiner Stelle zerstört ist, gehe ich wieder zur Hütte und mache mich erneut auf den Weg: schleppe Pfosten, Draht und Werkzeug nach oben und repariere es, so gut es geht. Kleinere Schäden kann ich gleich beseitigen, weil ich in meinem Rucksack immer ein paar Nägel und das wichtigste Werkzeug dabeihabe – vor allem meine Farmerzange, ein universell verwendbares Teil: Damit lassen sich Nägel und Drahtösen herausziehen, Drähte abzwicken und vieles mehr, man kann es sogar als Hammer einsetzen.

Das Säubern und Freihalten der Auskehren gehört, wie bereits gesagt, ebenfalls zu meinen Aufgaben. Das erledige ich natürlich auch gleich, wenn ich sowieso beim Koimazählen unterwegs bin. Die Auskehren, das sind die schrägen Rinnen, die in den Wander- und den Fahrwegen eingetieft sind. Sie leiten die Wassermassen ab, die nach Regenfällen auf dem Berg zu Tal rinnen – das sind oft wahre Sturzbäche, wenn es heftig regnet oder wenn im Frühling die Schneeschmelze einsetzt und sich an warmen Tagen Ströme von Schmelzwasser den Weg nach unten suchen. Gäbe es die Auskehren nicht, würde das Wasser

immer wieder Wege und Fahrstraßen beschädigen oder ganz zerstören. Aber natürlich sammeln sich in den Auskehren auch Steine und Erdklumpen, die sich verkanten und nicht mehr vom Wasser ausgespült werden. Mein Almstecken ist mir auch hier eine große Hilfe: Mit Hilfe der verstärkten Spitze kann ich die Auskehren einfach frei räumen, für größere Steine muss ich aber natürlich die Hände oder eine Schaufel zu Hilfe nehmen.

So ganz nebenbei räume ich auch immer ein paar Steine von den Weiden weg. Wenn früher ganze Bauernfamilien zum Steineklauben auf die Almen zogen, denke ich mir immer, dann sollte ich wenigstens hie und da, wenn ich Zeit habe, die eine oder andere kleine Säuberungsaktion unternehmen. Mit den Steinen repariere ich auch Fehlstellen in den Wegen und freue mich dann jedes Mal, wenn ich auf »meinen« schön ordentlichen, mit Klaubsteinen befestigten Almwegen unterwegs sein darf.

Bei schlechterem Wetter, wenn es nicht gerade in Strömen regnet, aber für Wanderer zu ungemütlich ist, ziehe ich gerne los und beschäftige mich stundenlang mit »Straßenbau«. Oben am Melchbichel gibt es viele feuchte lehmige Stellen, die auf der täglichen Route der Kühe liegen. Hier kann ich gar nicht genügend Steine zur Befestigung der Wege herbeischaffen, diese Spuren werden durch die Tiere immer wieder ausgetreten. So nutze ich die trüben, windigen und kalten Tage der Almzeit für diese Arbeiten, die eigentlich nie ein Ende nehmen.

### KRÄUTER SAMMELN

Auf meinen langen Wanderungen sehe ich natürlich auch, was wo wächst. Ich entdecke wunderbare Bergblumen, finde große Bestände an Bergthymian, wie der Quendel auch heißt, und an anderen Kräutern, die ich gut in der Küche brauchen kann. Die ganze Saison über sammle ich die Wildkräuter, die auf dem Berg wachsen. Quendel erkennt man im Sommer, wenn er blüht, ganz einfach an seinen schönen lila Blüten. In kleinen und größeren Polstern überzieht er gern kleine Felsbrocken in den Bergwiesen. Mit Quendel würze ich zum Beispiel meinen Kräutertopfen, er eignet sich aber auch gut für einen Tee gegen Erkältungskrankheiten und zum Aufwärmen, nachdem man in regenkalter Luft unterwegs gewesen ist. Quendel, den ich nicht gleich verwende, trockne ich deshalb und habe immer einen Vorrat davon im Haus. Zum Trocknen lege ich ihn einfach auf ein Gitter oder – wenn das schon besetzt ist – auf ein sauberes Tuch in der warmen Stube, aber nicht draußen in der Sonne, das bekommt den Kräutern nicht.

Quendel ist auch ein wichtiger Bestandteil meines Bergkräutertees, den viele Sennerinnen aus dem zubereiten, was sie auf ihren Almen finden. Ich bringe noch Holunderblüten von daheim mit und mische sie mit Quendel, Frauenmantel, wildem Oregano, Wundklee, Schafgarbe und Pfefferminze. Vor meiner Almhütte habe ich Zitronenmelisse angebaut, die gebe ich gerne dazu, weil der Tee dann einen frischen Zitrusgeschmack bekommt. Der Tee hat sich sehr gut zur Grippevorbeugung bewährt, aber auch bei Husten und Heiserkeit. Dann erhöhe ich den Anteil an Quendel, weil er durch seine ätherischen Öle desinfizierend auf die Atemwege wirkt.

An vielen Stellen auf der Alm finden sich auch verschiedene Wegericharten, vor allem Spitz- und Breitwegerich. Beide kann man vielfältig einsetzen: Blätter und Samen im Topfen, auf dem Butterbrot oder im Müsli, und das ganze getrocknete Kraut eignet sich hervorragend für einen Hustentee.

Direkt vor der Alm wachsen an einer Stelle viele Brennnesseln, die mir für viele Gerichte willkommen sind. Die frühlingsfrischen Triebe pflücke ich, sobald sie sprießen – wenn man immer nur die obersten Triebspitzen mit den vier oder sechs jungen Blättern abzwickt, kommen immer wieder neue, knackige Triebe nach –, so wächst mein liebstes Gesundheitsgemüse zum Greifen nahe. Klein gehackt gebe ich die Triebe morgens in mein Hafermüsli. Wenn man sie wirklich ganz fein schneidet oder hackt, zerstört man die Brennhaare der Nesseln und damit auch ihre Bissigkeit. Sie enthalten viele Vitamine und wertvolle Mineralstoffe, zum Beispiel auch Kieselsäure, die für schöne Haut, Haare und Nägel sorgt. Außerdem ist die Brennnessel eine hervorragende Eisenlieferantin. Heute noch werden Brennnesselsamen oft den Pferden zugefüttert, damit sie ein glänzendes Fell bekommen – kein Wunder, dass meine Haare nach einer Brennnesselsamenkur kräftiger und gesünder wirken.

Die Brennnesselsamen werden im Sommer reif, sie sollten geerntet werden, solange sie noch grün und nicht braun und unansehnlich geworden sind. Ich trockne sie und habe den ganzen Winter über einen Vorrat – ein wunderbares Tonikum, das man zu vielen Speisen geben kann. Heute würde man sagen ein Superfood – genau das sind die Brennnesselsamen. Und der große Vorteil, wie ich finde: Sie sind völlig kostenlos, und regional und saisonal, weil man sie direkt vor der Haustüre erntet. Sie müssen nicht von weither importiert werden, und ich kann sicher sein, dass sie weder gespritzt noch mit irgendwelchen Chemikalien behandelt sind – meine Powernahrung. Ich gebe die Brennnesselsamen ins Müsli, in die Suppe oder streue sie angeröstet über den Salat. Sie sind nämlich nicht nur gesund, sondern schmecken auch ausgesprochen gut, sehr nussig, und sie liefern viel Eisen, Kalzium und Kalium, geben richtig Kraft und sorgen für einen Basenausgleich.

Die Kräuter sind für mich auf der Alm sehr wichtig als natürliches Nahrungsergänzungsmittel. Ich habe ja nicht immer ausreichend frisches Obst und Gemüse in der Küche.

Rund um die Alm wachsen auch verschiedene Kleearten wie Wundklee, Alpenklee und Rotklee, außerdem Labkraut, die echte Goldrute, Bärlauch, Schlüsselblumen, Frauen- und Silbermantel, Gundelrebe, Schafgarbe, Taubnessel, Huflattich und Hirtentäschel. Ich mische sie zu einem aromatischen Almkräutertee, immer wieder in anderer Zusammensetzung. Im Herbst mache ich aus den getrockneten Kräutern gerne Kräutersalz und verwende es den ganzen Winter hindurch zum Würzen in der Küche oder verpacke es hübsch als Geschenk für Freunde.

# Kräutersalz

GETROCKNETE UND FRISCHE KRÄUTER UND BLÜTEN (RINGEL-BLUMEN- UND LÖWENZAHNBLÜTEN, BRENNNESSELSPITZEN, GUNDEL-REBE, VEILCHEN- UND SCHLÜSSEL-BLUMENBLÜTEN, GÄNSEBLÜMCHEN, ROTKLEE, QUENDEL, ROSMARIN, PETERSILIE, BÄRLAUCHBLÜTEN, ZITRONENMELISSE, LIEBSTÖCKEL)

1 KNOBLAUCHZEHE

ETWAS ABGERIEBENE SCHALE EINER UNBEHANDELTEN ZITRONE

STEINSALZ

1 Die gesäuberten und abgezupften Blüten und Kräuter mit der geschälten Knoblauchzehe, Zitronenschale und Salz in den Mixer geben und fein mahlen.

2 Die feuchte Kräuter-Salz-Masse auf einem Backblech ausbreiten und ein bis zwei Tage zum Trocknen an einen warmen Ort stellen – zum Beispiel auf den Kachelofen oder auf die Heizung.

3 Nochmal alles in den Mixer geben und das fertige Salz in schönen Gläsern luftdicht aufbewahren.

▶ Wenn ein größerer Anteil abgezupfte Löwenzahnblütenblätter ins Salz ge-mixt wird, erhält man ein wunderbar leuchtend gelbes Salz, das sich zum Ab-schmecken heller Saucen eignet.

▶ Gundelrebe nur in kleinen Mengen verwenden!

Eines meiner wichtigsten Kräuter blüht im Juni, um Sonnwend herum: das Johanniskraut. Es hat seinen Namen nicht von ungefähr. Denn der Namenstag Johannes des Täufers ist der 24. Juni, kurz nach der Sommersonnenwende. Ab jetzt ernte ich das gesamte blühende Kraut und setze mein Rotöl damit an, das ich zur Wundheilung bei Mensch und Tier verwende – also vor allem bei mir und meinen Kühen. In höheren Lagen finde ich das blühende Kraut dann erst ab August – mit zunehmender Höhe verzögert sich der Zeitpunkt der Blüte der Pflanzen.

Man kann aber auch eine Tinktur mit den Johanniskrautblüten ansetzen oder das gesamte blühende Kraut trocknen und als Tee zu sich nehmen. An sonnigen Tagen möglichst in den

Mittsommertagen soll man das Johanniskraut ernten. Denn die Schulmedizin weiß zwar, dass der enthaltene Stoff Hypericin für die stimmungsaufhellende Wirkung von Johanniskrauttee und -tinktur verantwortlich ist, aber die ganzheitliche Pflanzenheilkunde sagt, es ist die Sonne, die das Johanniskraut speichert. Die gelben Blüten signalisieren schon die wärmenden Strahlen, die die Sonne an den längsten Tagen des Jahres aussendet. Und das Johanniskraut gibt uns im Winter diese Sonne zurück.

Wer nicht sicher ist, ob er die richtige Pflanze gefunden hat: Das echte Johanniskraut erkennt man an der blutroten Farbe, die aus den Blütenblättern austritt, wenn man sie zwischen den Fingern zerreibt.

# Rotöl oder Johanniskrautöl

- - - - - - - - - - - - - - - - - - - - - - -

1 HANDVOLL FRISCHE
JOHANNISKRAUTBLÜTEN UND -BLÄTTER
OLIVENÖL

- - - - - - - - - - - - - - - - - - - - - - -

**1** Die Johanniskrautblüten verlesen und Insekten abschütteln. Die Blüten in ein verschließbares Glas geben, sodass das Glas nicht ganz gefüllt ist.

**2** So viel Olivenöl dazugießen, dass die Blüten vollständig bedeckt sind. Das Glas verschließen.

**3** Den Ansatz an einen warmen Platz, möglichst an ein sonniges Fenster, stellen. Wenn die Sonne scheint, stellt man das Glas in die pralle Sonne, damit sich der rote Farbstoff optimal aus den Blüten löst.

**4** Nach kurzer Zeit beginnt sich das Öl rot zu färben. Es dauert etwa vier bis sechs Wochen, bis das Öl richtig tiefrot ist. Dann das Öl durch ein Mulltuch oder einen Kaffeefilter in eine dunkle Flasche abfiltern. An einem dunklen Ort lagern.

Mit dem Öl bestreiche ich kleine Verletzungen wie kleine Schnitte oder Abschürfungen, leichte Verbrennungen – wenn ich mit der Hand wieder einmal an das heiße Ofentürl gekommen bin – oder auch schmerzende Gelenke.

Auch gegen Sonnenbrand hilft das Öl gut oder zur Pflege von Narben, die dann gut verheilen. Allerdings sollte man sich nicht direkt der Sonne aussetzen, wenn man das Öl aufgetragen hat, weil Johanniskraut die Lichtempfindlichkeit erhöht.

Im Juli und August blüht auch eine andere wertvolle gelbe Heilpflanze auf der Alm, die Arnika. Sie ist viel seltener als das Johanniskraut – sie wächst nur auf den Bergwiesen und auch dort ziemlich versteckt. Ich entdeckte sie in meinem ersten Almsommer nicht weit von meiner Hütte entfernt. Sehr anmutig und stolz präsentierten sich mir einige Blüten. Da der Bestand aber nur wenige Pflanzen aufwies, entschied ich mich, sie in diesem ersten Sommer nur anzuschauen und wachsen zu lassen. Ich hegte und pflegte »meine« Arnika und mähte den Flecken auch nicht ab. Ein Jahr später strahlte mir schon eine Vielzahl von Blütenköpfen entgegen, und ich pflückte einige davon, um eine Tinktur für meine Tiere und mich herzustellen. Durch das vorsichtige Pflücken einzelner Blüten wird die Pflanze wieder angeregt, neue Triebe zu bilden. So vermehrt sie sich noch stärker. Im dritten Almsommer war schon ein starker Zuwachs zu erkennen – entscheidend ist wirklich, nur wenige Blüten des Bestandes zu entnehmen, um eine weitere Vermehrung sicherzustellen. Arnika war früher eine wichtige Heilpflanze für die Bergbewohner, nicht umsonst heißt sie bei uns auch Bergwohlverleih, und man sollte ihr mit Respekt begegnen.

# Arnikatinktur

- - - - - - - - - - - - - - - - - - - - -

1 HANDVOLL ARNIKABLÜTEN

1 GLAS ALKOHOL (40-50%)

- - - - - - - - - - - - - - - - - - - - -

**1** Die Blüten verlesen und Insekten abschütteln. Die Blüten in ein verschließbares Glas geben, sodass das Glas nicht ganz gefüllt ist.

**2** Den Alkohol darübergießen, bis die Blüten vollständig bedeckt sind. Das Glas verschließen und für zwei bis sechs Wochen an einen warmen Ort stellen. Bei mir steht der Ansatz in der warmen Almstube.

**3** Den Ansatz durch ein Mulltuch oder einen Kaffeefilter abseihen und in einer dunklen Flasche aufbewahren.

▶ Ich setze die Arnikablüten in Birnenschnaps an, den ich mir vom Unker Lorenz besorge, einem sehr guten Schnapsbrenner aus dem Ort. So stelle ich mir das wichtigste Akutmittel für meine Almsaison her. Bei Traumen aller Art wie Quetschungen, Entzündungen, Verstauchungen, Muskelkater wende ich Arnikatinktur äußerlich an. Allerdings gibt es Menschen, die auf die sehr intensiven Wirkstoffe von Arnika allergisch reagieren. Deshalb sollte man die Tinktur zunächst immer mit Wasser verdünnt anwenden. Wenn das Mittel so vertragen wird, kann man die Verdünnung allmählich reduzieren. Wichtig auch: Arnikatinktur nicht auf offene Wunden auftragen!

Einmal behandelte ich ein Kälbchen mit Arnikatinktur, es litt unter einem entzündeten Ohr. Während ich vorsichtig die Tinktur auftupfte, schreckte das Tier plötzlich hoch und versetzte mir dadurch einen massiven Schlag auf mein Nasenbein. Ich blutete stark und denke, dass die Nase damals leicht angebrochen war. Sofort behandelte ich mich selbst auch mit Arnikatinktur und legte Umschläge auf meine angeschwollene Nase. Die Stallarbeit setzte ich natürlich trotzdem fort, ich konnte ja nicht einfach alles liegen und stehen lassen. Mit Kopftuch, Stallgwand und dick verbundener Nase muss ich einigermaßen gewöhnungsbedürftig ausgesehen haben – mein Anblick brachte die vorbeikommenden Wanderer jedenfalls zum Schmunzeln. Am nächsten Tag war keine Schwellung mehr zu erkennen, nicht mal einen blauen Fleck hatte ich an der Nase. So konnte ich tatsächlich am nächsten Abend nach dem Melken fesch im Dirndlgwand auf ein Fest in den Ort hinunterwandern.

Arnika ist für mich von unschätzbarem Wert und steht mir auf der Alm jederzeit zur Verfügung. Meine Hausapotheke auf der Alm besteht ausschließlich aus ein paar homöopathischen Mitteln, Salben und Verbandsmaterial. Vor der Almzeit belegte ich noch einen Kurs über Homöopathie auf der Alm und stellte dann in meiner alltäglichen Praxis wirklich fest, wie gut Kühe auf homöopathische Mittel ansprechen.

Ich selbst bin auf der Alm nie krank geworden – außer, dass ich ab und zu ein paar Kuhtritte abbekommen habe. Die frische Luft, körperliche Arbeit und abends ein Schnapserl in Ehren hielten und halten mich gesund.

Im Juni finde ich bei meinem Gang über die Alm auch die ersten wilden Erdbeeren, die in ihrem Geschmack unübertrefflich sind. Sie wandern bei mir meist sofort in den Magen, als willkommene süß-saftige Zwischenmahlzeit am späten Vormittag. Wenn ich sehr viele Beeren finde, bereite ich auch gern meinen aromatischen Waldbeeressig zu.

# Balsamischer Waldbeeressig

- - - - - - - - - - - - - - - - - -

¾ L GUTER APFELESSIG

1 HANDVOLL HIMBEEREN UND WALDERDBEEREN, GEMISCHT

1-2 EL SIRUP

- - - - - - - - - - - - - - - - - -

**1** Essig und gesäuberte Beeren in eine große Flasche geben, verschließen und mindestens zwei Wochen ziehen lassen. Ich stelle die Flasche einfach in die Küche oder in die Speis – aber nicht in die pralle Sonne, sonst verlieren die Beeren schnell ihre schöne Farbe.

**2** Den Sirup zugeben und vorsichtig schütteln, bis er sich im Essig vollständig aufgelöst hat.

**3** Den Essig in hübsche Fläschchen abfüllen, die Beeren nicht abfiltern – sieht auf jeden Fall hübscher aus.

*Variante:* Um dem Essig noch mehr Würzkraft zu geben, habe ich einmal in eine der Flaschen noch einige Rosmarinzweige, in eine andere 5-10 Salbeiblätter und in die dritte einen großen Zweig Minze gesteckt. Jeweils zusätzlich zu den Beeren. Das gibt noch einmal ein ganz eigenes Aroma. Ich

experimentiere weiter, mit anderen Kräutern. Ich denke da an Fichten- oder Latschenzweige, an Zitronenmelisse, Thymian, Lorbeerblätter.

▶ »Erfunden« habe ich diesen Essig, als wir vor ein paar Jahren Apfelmost machten und ein Teil davon zu Essig wurde – ein hervorragender selbst gemachter Apfelessig. Er war nicht so sauer wie gekaufter Apfelessig, aber auch nicht so angenehm süßlich und würzig wie der Balsamicoessig, den ich gern in der Küche verwende. Und so habe ich ihn mit Beeren und Sirup so lange verfeinert, bis ich den idealen selbst gemachten Balsamessig gefunden hatte. Die Beeren hatte ich seinerzeit in den Wäldern unterhalb meiner Alm gefunden, als ich auf der Suche nach einer Koim war. Man könnte es auch mit anderen süßen Beeren versuchen, etwa mit Heidelbeeren, Brombeeren oder milden schwarzen und weißen Johannisbeeren.

▶ Sirup mache ich auch gern selbst – meistens Holunderblütensirup und Löwenzahnblütensirup. Beide eignen sich für meinen Balsamessig. Den verwende ich übrigens nicht nur in der Küche, sondern auch für die Gesundheit. Morgens auf nüchternen Magen trinke ich gern ein halbes Glas warmes Wasser mit einem Esslöffel meines Waldbeerenessigs: Das regt den Stoffwechsel an und macht eine richtig schöne Haut.

# Gebratene Steinpilze

PRO PERSON ETWA 250 G FRISCHE
STEINPILZE

1-2 KNOBLAUCHZEHEN

BUTTERSCHMALZ

1 KLEINER ZWEIG ROSMARIN

BUTTER

SALZ ODER KRÄUTERSALZ

EVENTUELL ETWAS FRISCHER QUEN-
DEL ZUM SERVIEREN

**1** Steinpilze putzen, aus der Kappe der größeren Steinpilze auch den Schwamm entfernen. Die Pilze in ½ Zentimeter dicke Scheiben schneiden. Den Knoblauch schälen und klein schneiden.

**2** In einer eisernen Pfanne etwas Butterschmalz erhitzen und die Pilzscheiben darin kräftig anbraten. Dabei die Knoblauchzehen und den Rosmarinzweig in die Pfanne legen – wenn Sie gekauften Rosmarin verwenden, den Zweig vorher waschen und abtrocknen.

**3** Die Pilze wenden und auf der zweiten Seite fertig braten. Kurz vor Schluss etwas Butter zugeben. Der Butter ist wichtig als Geschmacksträger, kann aber nicht so hoch erhitzt werden. Deshalb gebe ich den Butter erst zum Schluss dazu.

**4** Die Steinpilze mit Salz oder Kräutersalz abschmecken und mit frischem Quendel bestreut servieren.

▶ Zu den Steinpilzen esse ich am liebsten eine Scheibe frisch gebackenes Almbrot mit gutem Almbutter. Das ist ein sehr schnell zubereitetes und sehr gesundes Essen und außerdem ein Gaumenschmaus.

Gegen Ende der Almzeit, ab Mitte August etwa, warten dann alle auf das richtige Schwammerlwetter. Es muss warm sein und gleichzeitig feucht – wenn eine heiße Wetterperiode ab und zu durch kräftigen Regen unterbrochen wird, dann beginnt die Luft schon nach Pilzen zu riechen. Dann setze ich meinen »Schwammerlblick« auf und mache mich auf die Suche. Es gibt gute und schlechte Schwammerljahre, meine dritte Almsaison fiel in ein gutes Jahr. Sennerinnen und Senner ernährten sich über Wochen vornehmlich von Pilzgerichten, und es blieben dann sogar immer noch genügend Pilze zum Trocknen übrig.

Je höher, desto besser – das gilt auch für den Steinpilz. In den Bergwäldern findet man einfach mehr und größere Exemplare als im Flachland. Der richtig gute Pilzsommer in meinem dritten Jahr bescherte mir sogar einzelne Steinpilze, die über ein Pfund wogen. Da konnte ich mir von einem Exemplar fast zwei Mahlzeiten zubereiten! Gebraten – das ergab meine kleine Umfrage unter den benachbarten Almleuten – wird der Steinpilz am liebsten verzehrt.

Wenn ich nur eine kleine Menge Steinpilze finde und es sich nicht lohnt, eine Mahlzeit daraus zuzubereiten, trockne ich die Pilze für den Wintervorrat. Oft finde ich nur einen oder zwei Schwammerl pro Tag. Dann putze ich sie und schneide sie in dünne Scheiben von drei bis fünf Millimeter Stärke. Die lege ich zum Trocknen auf einen großen, mit Butterbrotpapier ausgelegten

Teller oder auf ein Blech, das dann neben dem warmen Ofen steht, bis die Scheiben getrocknet sind. Je nach Raumtemperatur sind die Pilze nach etwa vier Tagen trocken und können in einem Schraubglas aufbewahrt werden. Sie halten sich problemlos ein Jahr lang – bis zur nächsten Schwammerlsaison.

Die getrockneten Pilze nehme ich zum Verfeinern von Saucen – besonders von Gerichten mit Wild oder Rindfleisch. Ein paar getrocknete Pilze geben schnell ihr Aroma frei und bereichern jede Speise. Auch in ein Pilzrisotto oder eine schnelle Spaghettisauce kommen bei mir neben den frischen immer zusätzlich ein paar getrocknete Steinpilze, die einen wesentlich intensiveren Geschmack haben als die frischen.

## MÄHEN UND SCHWENDEN

Auf der Alm wachsen aber nicht nur die feinen, begehrten Alpenkräuter, sondern auch unerwünschte Pflanzen. Dazu gehört der Bewuchs auf den feuchten, unzugänglichen Stellen: Blätschen, also Ampfer, und Rossminze, Farn, Binsen und Weißer Germer – alles Pflanzen, die von den Weidetieren verschmäht werden, der Weiße Germer ist sogar stark giftig. Nachdem sie nicht gefressen werden, vermehren sie sich überproportional und würden die Almfläche bald zuwuchern, weshalb man sie entfernen muss. Vor allem auf den feuchten Wiesenplätzen verbreiten sich diese störenden Pflanzen. Deshalb mähe ich sie regelmäßig ab – auch Disteln gehören dazu, aber sie sind wenigstens nicht giftig. Dafür habe ich eine Sense und einen motorbetriebenen Freischneider zur Verfügung, eine Motorsense. Je nachdem wie steil der Hang ist oder wie der Bewuchs geartet ist, wechsle ich zwischen den Geräten ab. Wo Baumstümpfe in der Weide stehen, komme ich mit der normalen Sense nicht weit – da muss ich motorisiert ran.

Das Sensenmähen mit der Hand habe ich erst auf der Alm gelernt. Anfänglich war ich schon nach einer halben Stunde vollkommen erschöpft, inzwischen macht es mir zunehmend Freude. Nach einigen Wochen, in denen ich es immer wieder probiert habe, verbesserte sich meine Technik, an den richtigen Stellen wuchs die Muskelkraft, und Übung macht natürlich die Meisterin – naja, noch nicht ganz, aber ich bin zufrieden. Ich bin für mich alleine, werde von niemandem gestört und kann mähen, solange ich Lust habe oder mir eben

Zeit nehme. Wenn mir der Besuch auf der Alm manchmal zu viel wird, packe ich meine Sense und marschiere los. Es kommt, ehrlich gesagt, auch des Öfteren vor, dass ich mich einfach an einem ruhigen Fleckchen der Weide ins Gras lege und mir einen kleinen Mittagsschlaf gönne. Wieder zurück auf der Alm bin ich dann erholt und gut gelaunt.

Durch die Nähe der Bergwaldbestände säen sich ständig vor allem die Fichten, aber auch die Latschen aus. Das Almgebiet, die Weiden, sind voller kleiner Fichtenpflanzen und Latschensämlinge. Würde man sie wachsen lassen, wären die seit Jahrhunderten gepflegten Almweiden in wenigen Jahren komplett zugewachsen. So gehört das Schwenden dieser Pflänzchen zur notwendigen Almpflege. Außerdem würden sich die Tiere häufiger verletzen, wenn sie zwischen den schnell verholzenden kleinen Bäumchen nach Nahrung suchen. Geschwendet wird aber auch ein Teil des angeflogenen Almrauschs – so schön er blüht, auch er ist keine bevorzugte Futterpflanze für die Weidetiere. Alle diese Pflänzchen reiße ich mit der Hand aus, während ich die Weiden begehe und meine Koima zähle.

Unsere Almen sind keine seit Urzeiten freien Flächen auf den Bergen. Sie wurden vor Jahrhunderten von Menschenhand gerodet, um die im Tal vorhandenen Weideflächen auszudehnen. Bei der bis ins 20. Jahrhundert üblichen

extensiven Weidewirtschaft brauchte man viel mehr Land, auf dem die Tiere sich ihr Futter suchen konnten, als heute, wo ein Großteil der Rinder nur noch im Stall steht und mit Maissilo oder Kraftfutter ernährt wird. Die mühsam gewonnenen Bergweiden gehören zu unserer jahrhundertealten Kulturlandschaft und müssen ständig gepflegt werden. Würde man alles wachsen lassen, was sich auf den Almwiesen zeigt, wären unsere Almen in Kürze verschwunden – und mit ihnen viele wanderbare Wege auf den Bergen, das Kuhglockengebimmel in der Höhe und die gesunde Almmilch, der Almbutter und der Bergkäse. Die Kühe fressen nämlich nur die feinsten Gräser auf der Alm, sie sind ausgesprochene Feinschmecker und haben einen hervorragenden

Geruchssinn. Die borstigen Gräser auf den feuchten Weideflächen verschmähen sie. Nur, wenn ich diese Flächen regelmäßig mähe, wachsen auch hier wieder schmackhafte Futterpflanzen, und die alte Almweide bleibt erhalten. Es wird oft übersehen, dass zu den Aufgaben einer Almerin nicht nur das Melken und das Käsen gehören, sondern dass die tägliche Almpflege genauso wichtig und zeit-aufwendig ist. Wenn man sich das vor Augen führt, wird klar, warum mein Tag, obwohl ich wirklich sehr früh aufstehe, wie im Flug vergeht. Oft habe ich am Abend das Gefühl, der Tag könnte noch ein paar Stunden länger sein, damit alles gut erledigt wäre. Aber langweilig – langweilig wird mir wirklich nie.

# Der Blick in den Himmel – vom Wetter

Ein tiefblauer bayerischer Himmel mit ein, zwei barocken weißen Wölkchen über den Almwiesen, die Luft nach blühenden Bergblumen duftend – so stellt man sich das Wetter auf der Alm im Allgemeinen vor. Das gibt es natürlich auch, sogar ganz oft. Aber genauso häufig ist das Wetter exakt das Gegenteil von dem, was man als schön bezeichnen würde.

Auf über 1200 Metern Höhe ist man der Witterung viel stärker ausgesetzt als unten im Tal. Die Rampoldalm liegt noch dazu sehr exponiert auf einem nordseitigen Wiesenvorsprung direkt über einem Steilhang. Von Westen, von der Wetterseite her, schützt nur eine wenige Meter hohe Wiesenerhebung, die vom Melchbichel Richtung Gipfel ansteigt, die Almhütte. Durchziehende Gewitter mit enormen Windgeschwindigkeiten, mit Hagel und Regen- und Schneeschauern heulen deshalb mit aller Macht um die Hütte. Regen und Eis prasseln dann auf das Blechdach und erzeugen gewaltigen Lärm. Wenn ich draußen, auf der Wetterseite, ein Werkzeug oder irgendwelche Gerätschaften vergessen hätte, würden sie davonfliegen. Angst habe ich nicht – ich weiß, dass die Hütte solide gebaut und in gutem Zustand ist. Und ich weiß auch, im Gegensatz zu den Almerinnen vergangener Zeiten, dass nicht die bösen Wetterhexen für die Gewitter verantwortlich sind. Aber die schwarzen Wetterkerzen, die in den Alpen häufig bei Blitz, Donner und Hagelschlag angezündet werden, mit der Bitte um Schonung von Getreidefeldern, von Haus und Hof, Mensch und Vieh – diese Wetterkerzen liegen auch in jeder Almstube und werden dann schon einmal hervorgeholt, wenn es draußen ganz schlimm tobt.

Die alte Hütte der Rampoldalm befand sich vor über hundert Jahren noch rund 50 Meter oberhalb der jetzigen Hütte, war also noch ausgesetzter. Eine Lawine riss die Hütte im Jahr 1891 komplett weg. Im selben Jahr wurde die »neue« Hütte weiter unten, an dem etwas besser geschützten jetzigen Standort errichtet.

Ich habe es warm und gemütlich in der Stube, wenn es draußen blitzt und donnert. Sogar Holznachschub kann ich mir holen, ohne dass ich weit gehen muss – der Verschlag mit dem Brennholzvorrat befindet sich ja auf der Ostseite neben dem Hütteneingang.

Die Kälbchen dürfen, vor allem zu Beginn der Almzeit, wenn sie noch klein sind und kein so dichtes Fell entwickelt haben, bei kaltem und regnerischem Wetter in den Stall. Meist drängen sich Kühe und Kälber schon vor der Stalltür zusammen und wollen eingelassen werden, wenn noch keine Wolke am Himmel zu sehen ist, dabei sind sie ungewöhnlich ruhig. Auch Mücken und Bremsen verhalten sich anders als sonst und sind noch aggressiver. Wenn ich dieses Anzeichen beobachte, lasse ich die Tiere schon früher in den Stall. Und

meistens hagelt und stürmt es schon bald kurz danach.

Als ich in einem Sommer meine schlauen Ziegen mit auf der Alm hatte, habe ich sie als extrem wetterfühlig erlebt, denn sie waren noch vor den Kälbern die Ersten, die laut meckernd Einlass verlangten. Wenn sich dann die ersten Gewitterwolken näherten und lauter werdendes Grollen und dicke Tropfen das Unwetter ankündigten,

haben die Tiere wieder einmal recht
gehabt und schon lange vor mir geahnt,
was da kommt.

Wetterumschwünge geschehen auf
dem Berg viel schneller und viel massi-
ver. In meinen Almsommern habe ich
gelernt, die Anzeichen zu deuten –
jeden Sommer ein bisschen besser. Die
Wetterfront zieht meist vom Wendelstein herüber, nachdem sich ein Gewitter über lange Stunden angebahnt hat.
Dann aber kann es sehr schnell gehen, das Gewitter entlädt sich blitzschnell
und heftig und ist schon wieder vorbei.

Kalbinnen und vor allem die erfahrenen Almkühe wissen genau, wo sie die
besten Unterstände bei schlechtem Wetter finden. Jede Alm hat solche geschützten Bergwaldgebiete oder zumindest eine Gruppe von Unterstandsbäumen,
die mächtig genug sind, um den Tieren Schutz zu gewähren. Trotzdem passiert
es immer wieder, dass Tiere vom Blitz erschlagen werden, wenn sie sich unter
einem besonders hohen Baum zusammendrängen und der Blitz in ausgerechnet diesen Baum fährt.

Die beliebtesten Unterstandsbäume meiner Milchkühe befinden sich aber
unterhalb der Alm, in einer Mulde, wo ihnen keine Gefahr droht. So weiß ich
auch bei schlechtem Wetter, nicht nur bei Regen und Gewitter, sondern vor
allem auch bei Nebel, wenn die Sicht gleich null ist und ich erspüren muss, wo
ich meine Tiere finde, wo ich suchen muss. Fast würde ich sagen, ich nehme
Witterung auf, um die Kühe zur Melkzeit zu finden. Mein Geruchssinn verbessert sich und auch mein – ja, mein Instinkt. Ich habe den Eindruck, dass die
Alm meine Sinne schärft. Nicht nur das Riechen, auch das Hören, Sehen, Tas-
ten, Fühlen sind intensiver auf der Alm – es ist tatsächlich so, dass ich irgendwelche alten Instinkte aktivieren kann, wenn ich eine Zeit lang auf der Alm
bin. Meine Sinne sind nicht »verstopft« von Lärm, Gestank und Hektik, wie
ich es oft im Tal empfinde, wenn mir alles zu viel wird. Hier auf der Alm sind
meine Sinne frei und können sich entfalten – so, wie sie wohl einmal gedacht
waren.

# DER SINN DER KUHGLOCKEN

*W*enn ich höre, dass manche Menschen Kuhglocken abschaffen möchten, mit der Begründung, dass sie den Tieren unangenehm seien, dann würde ich mir wünschen, dass diese Menschen einmal auf einer Alm arbeiten. Der Hauptgrund, warum die Tiere Glocken tragen, ist, dass ich sie zu jeder Tageszeit und bei jedem Wetter finden können muss. Besonders bei starkem Nebel wäre das ohne Glocken ein hoffnungsloses Unterfangen. Dann könnte ich sie auch nicht in den Stall bringen und nicht melken.

Die Kühe haben alle unterschiedlich große Glocken, mit unterschiedlichem Klang, sodass ich sie schon von weitem unterscheiden kann. Meine drei Almsommer mit den Kühen haben meine Wahrnehmung immer mehr geschärft, sodass ich morgens schon wusste, wo ich meine Kühe finden werde. Aber ohne die Glocken wäre ich dabei manchmal gescheitert.

Die ganz großen, schweren Glocken tragen die Tiere ja nicht ständig während der Almzeit und auch nicht überall – sie sind in manchen Gegenden der Alpen dem Schmuck beim Almabtrieb vorbehalten.

Das gute Gehör brauche ich natürlich, um meine Kühe durch das Bimmeln ihrer Glocken zu finden, wenn ich sie nicht sehen kann. Meist klappt das, und ich finde sie innerhalb von einer halben Stunde – wobei Ausnahmen die Regel bestätigen. Wenn nicht, muss ich so lange suchen, bis ich sie gefunden habe. Der Nebel auf der Alm ist ein Naturschauspiel mit vielen Facetten. Wenn im Tal Nebel herrscht, dann ist es neblig – will heißen, dann gibt es manchmal stunden- oder gar tagelang kaum Veränderungen: Nebel von morgens bis abends und am nächsten Tag wieder. Hier oben ist das anders. Die Schwaden ziehen in Sekundenschnelle herein, verdichten sich, bis man nichts mehr sieht – doch sie können sich auch genauso schnell wieder nach unten oder nach oben verziehen. Auch wenn ich für mehrere Tage im Nebel verschwinde, empfinde ich das eher als einen spannenden Naturfilm. Wenn nach stundenlangem Umherirren plötzlich die Umrisse meiner vertrauten Kühe im Nebel auftauchen, schemenhafte Gestalten, die mich erstaunt anschauen, scheinbar fragend, warum ich mir Sorgen mache, dann ist zuerst die Erleichterung groß und gleichzeitig das andächtige Staunen über die wunderbaren Bilder, die mir der Nebel schenkt.

Einmal allerdings war ich fast am Verzweifeln – ein unglaublich dicker Nebel verhinderte nicht nur die Sicht, sondern raubte mir stellenweise komplett die Orientierung. Ich wusste manchmal minutenlang nicht mehr, wie weit ich jetzt von der Hütte weg war und wo genau im Almgebiet ich mich gerade befand – die Sicht endete ein paar Zentimeter vor meiner Nasenspitze. Ich wanderte zunehmend panisch, ja, ich rannte schließlich fast, das gesamte Almgebiet auf und ab, bis ich meine Milchkühe schließlich nach über zwei Stunden entdeckte – sie ruhten gemütlich fernab ihres üblichen Unterstands, unter zwei großen Fichten, an einem warmen, windgeschützten Platz. Komplett durchnässt, aber glücklich zogen wir drei dann zur Alm.

Reiht sich hingegen ein Regentag an den anderen, packe ich etwas Topfen oder Käse ein, ziehe Regenjacke, Überhose und Bergschuhe an und marschiere zu einer meiner Nachbar-Almerinnen, auf einen kurzen Ratsch. Das Gehen im strömenden Regen liebe ich sehr, obwohl viele Menschen das nicht verstehen können. Früher war das vielleicht anders, als man keine Gummistiefel kannte und keine dichten Goretex-Jacken. Da waren die Sennerinnen in ihren langen Röcken und nur mit Wolljacken bekleidet im Regen bald durchnässt.

Aber heute können wir uns mit absolut wasserdichter und atmungsaktiver Regenkleidung ausstatten, in der man über Stunden warm und trocken bleibt und auch nicht schwitzt. Trotzdem jammern alle ständig über das schlechte Wetter. Stapfe ich allein bei Regen über die Almen, fühle ich mich frei, glücklich und zufrieden. Wenn ich an die Tür der Nachbaralm klopfe und zuerst in ein erstauntes Gesicht blicke, dann aber ein Lächeln bekomme und in die warme Stube zum Kaffee gebeten werde, macht mir auch der lange Rückmarsch im Regen nichts mehr aus. Ich liebe auf der Alm die verregneten, nebligen Tage viel mehr als im Tal.

Man muss auch wissen, dass wir Almerinnen diese Tage dringend zur Regeneration brauchen. Bei schönem Wetter dauert unser Arbeitstag fast ohne Pause von 4.30 Uhr bis 22 Uhr, wenn die letzten Radler ins Tal aufbrechen. Tagsüber gibt es zusätzlich zur Stallarbeit viel zu tun bei der Weidepflege, und natürlich kommen vermehrt Gäste zum Brotzeitmachen. Da sehnt sich mein Körper schon nach einem Regentag und damit nach einem ausgedehnten Mittagsschlaf. Schlafmangel empfinde ich als eine der größten Belastungen auf der Alm. Mir geht dann einfach die Kraft aus, und die Nerven liegen viel schneller blank. Es fehlt dann einfach die Gelassenheit, ich stehe nicht mehr über den Dingen, sondern verfalle in Hektik und werde zunehmend ungeduldig. Das tut mir nicht gut. Deshalb freue ich mich regelrecht auf diese »faden«, feucht-kalten Tage.

Wie oft hörte ich ein mitleidiges: »Das ist heuer aber ein schlechter Almsommer für dich!« Die Menschen kennen nur gutes oder schlechtes Wetter, wobei »gut« bedeutet, dass es nicht regnet. Würde es in unserer Region nicht so reichlich regnen, gäbe es diese Artenvielfalt an Pflanzen nicht. Die saftigen Wiesen mit ihren sich ständig ändernden bunten Blütentupfen den ganzen Almsommer lang – ohne diesen häufigen Wetterwechsel müssten wir auf ihren Anblick verzichten.

Natürlich freue ich mich auch, wenn schon am Morgen die Sonne durchs Fenster in die Schlafkammer lacht und mir Schwung und Tatendrang für den Tag verleiht. Doch unser Körper benötigt, ebenso wie die Natur, zur Regeneration dieses Wechselspiel. Ehrlicherweise muss ich zugeben, dass ich mit »schlechtem« Wetter auf der Alm viel besser umgehen kann als im Tal. Unten muss ich mich manchmal regelrecht überwinden hinauszugehen, und auch

meine Stimmung ist bei tagelangem Regen oft gedrückt. Auf der Alm empfinde ich das ganz anders, viel freier, schöner, viel »natürlicher« – ich fühle mich
der Natur näher hier oben und nehme damit wohl auch die unterschiedlichen
Wettersituationen an, wie sie kommen.

Es ist erstaunlich, wie sehr das Wetter auch Gedanken und Gefühle beeinflusst. So empfinde ich dicken Nebel als etwas, was auch die Gedanken ver-
dichtet. Da hinterfrage ich mich selbst stärker und schweife gedanklich vermehrt ab in die Vergangenheit, stelle mir Fragen nach meiner, nach unserer
Zukunft, mache mir mehr Sorgen. Bei schönem Wetter, oder wenn die Wolken

bei starkem Wind schnell über mich hinwegziehen, lasse ich mich beflügeln, sprühe vor Energie und möchte am liebsten zehn Dinge auf einmal anpacken. Wenn ich mich darauf einlasse, dass mein Gemüt so wetterwendisch ist wie eben das Wetter, dann profitiere ich von jeder Wetterlage. Es kommt immer darauf an, ob man die Dinge positiv oder negativ sehen will, nicht nur beim Wetter. Und ändern kann ich es ja ohnehin nicht.

## SCHNEEEINBRUCH ENDE MAI

Meinen dritten Almsommer werde ich aufgrund der extremen Wetterlage nie vergessen, und wenn ich daran denke, ist es, als würde es gerade passieren: Wir treiben das erste Vieh am 17. Mai auf die Alm. Das Wetter ist noch frühlingsschön und trocken, der Wind aber wird kalt und jeden Tag kälter. Die Temperaturen fallen in den nächsten Tagen schon mal auf sieben Grad Celsius, was die Tiere noch nicht als unangenehm empfinden. Doch es wird noch ungemütlicher. Die Wettervorhersage für die kommenden Tage glauben wir kaum: Schneefall bis 1200 Meter, und das Ende Mai! Da bin ich mit meinen 1244 Metern Höhe voll dabei. Die Prognosen verdichten sich, und es scheint wirklich ernst zu werden. Um für den Schneeeinbruch gewappnet zu sein, sortiere ich schon einmal die verschiedenen Größen der Kuhketten, damit wir im Extremfall alle Tiere im Stall unterbringen können, auch die Kalbinnen. Klaus, mein Almbauer, bringt Kraftfutter und einige Ballen Heu zusätzlich auf die Alm – das Almheu im Heuboden der Hütte würde für so viele Tiere niemals ausreichen. Momentan habe ich noch nicht die volle Anzahl an Rindern heroben, sodass wir im Notfall alle gut 30 Stück im Stall unterbringen könnten.

In der Nacht zum 23. Mai schlafe ich sehr schlecht, bin unruhig, horche immer wieder auf. Die Tiere halten sich direkt vor der Hütte auf, was sie nachts nur selten tun. Es ist sehr kalt geworden, und die Temperaturen sinken weiter. An meinem Fenster klemmt ein Außentemperaturthermometer mit Batterie. Es ist vier Uhr morgens, und ich sehe, wie sich meine Kalbinnen vor der Stalltüre zu wärmen versuchen, ganz eng aneinanderliegend. Der Anblick macht mir ein richtig schweres Herz. Natürlich weiß ich, dass die Rinder sehr robust sind und das auch eine begrenzte Zeit gut aushalten. Und dennoch leide ich mit den Tieren. Das Schwierige bei solchen frühen Kälteeinbrüchen ist, dass

sich die Tiere noch nicht an den Regen und die Kälte anpassen konnten. Schneit es im September, ist das meist kein Problem mehr. Die Rinder sind abgehärtet und haben zur Wärmeisolierung ein viel dichteres, längeres Fell bekommen. Zwei Tage Schnee sind dann gut zu bewältigen. Diese Situation im Mai ist viel problematischer. Fällt mehr Schnee, sodass die Tiere draußen nichts mehr zu fressen finden, müssen wir alle in den Stall holen, anbinden und mit ausreichend Wasser und Futter versorgen.

Heutzutage sind die meisten Ställe im Tal schon sogenannte Laufställe, in denen sich das Vieh frei bewegen kann. Einem an einen solchen Stall gewöhnten Tier die Kette umzulegen, in der ungewohnten Umgebung und der Stress-situation Schnee, das wäre ein wahrer Kraftakt.

Und es kommt doch so. Am Morgen des 23. Mai ist die Alm schön ange-zuckert, und es schneit weiter. Die Temperaturen sinken unter die Nullgrad-grenze. Es muss also gehandelt werden. Die Bauersleute kommen nach ihrer Stallarbeit herauf, und wir versuchen, alle Rinder in den Stall zu treiben. Unter den Tieren herrscht ein richtiger Aufruhr.

Klaus hat ein sehr gutes Gespür für die Rinder, und es ist faszinierend zuzusehen, wie er die Ketten um deren Hälse legt. Mit vereinten Kräften sind nach zweieinhalb Stunden alle Tiere an ihrem Platz und mit Futter versorgt. Es ist ein sehr befriedigendes Gefühl, die 30 Stück Vieh gesund im Trockenen und Warmen zu haben. Durch die Feuchtigkeit und die Wärme der Tiere dampft es jetzt im ganzen Stall, ein wohliges Gefühl macht sich breit. Ich bin richtig glücklich. So eine Aktion beseelt mich. Alles geht Hand in Hand. Es wird nicht viel gesprochen, jeder weiß, was er zu tun hat und wo er die anderen am besten unterstützen kann – einfach aus dem Bauch heraus. Obwohl eine solche Ext-remsituation für mich völlig neu ist, spüre ich in mir das Vertrauen, dass ich schon alles richtig mache, und keinerlei Gefühl von Unsicherheit.

Danach setzen wir uns in die Stube und es gibt auch für uns eine kleine Stärkung mit Brotzeit, einem Weißbier und zum Schluss noch ein Schnapserl, weil alles so gut geklappt hat.

Die Kälte hält die nächsten Tage an, und die Temperaturen bleiben im Minusbereich. Es schneit immer wieder. Die Tiere im Stall zu versorgen ist richtige Knochenarbeit. Fünfmal am Tag ausmisten, kübelweise Wasser vom Brunnen hereinschleppen, die Tiere tränken und mit ausreichend Heu versor-gen. Wenn man bedenkt, dass so eine Kuh mindestens 20 bis 40 Liter Wasser täglich benötigt und das mal 30, dann weiß man, warum einem die Augen abends noch schneller zufallen.

Zwei Tage später wird das Wetter besser, und die Tiere dürfen wieder nach draußen. Es amüsiert mich, ihnen dabei zuzusehen, wie sie vorsichtig durch den zentimeterhoch liegenden Schnee laufen. Einige zieht es wieder in den warmen Stall zurück, aber die Vorhersagen für die kommenden Tage sind gut. Klaus entscheidet sich, nun die Milchkühe auf die Alm zu bringen, auch wenn es noch kalt und regnerisch ist.

Bald meldet sich das nächste große Tief an. Am 29. Mai schneit es wieder den ganzen Tag. Schnee und Dauerregen wechseln sich ab. Meine Alm ist dem Wind stark ausgesetzt, und es stürmt extrem. Hole ich morgens meine Milchkühe, bekomme ich bei Gegenwind fast keine Luft zum Atmen.

Wir entscheiden uns dafür, alle Tiere wieder für einige Tage im Stall zu lassen. Das Problem ist jetzt der mangelnde Raum – inzwischen sind ja auch die Milchkühe da. Zum Melken ist sehr wenig Platz, die Tiere stehen sehr eng. Ich muss noch mehr als sonst achtgeben, um nicht von den anderen Rindern gestoßen und getreten zu werden. Kühe brauchen Ruhe, wenn sie gemolken werden, und ich versuche bewusst, ihnen dieses Gefühl zu vermitteln. So wie ich mich gebe, ist auch die Resonanz der Tiere. Ganz allmählich macht mir die Sache richtig Spaß. Ich mag solche Herausforderungen, und außerdem friere ich jetzt im Stall nicht mehr. Inzwischen ist es dort richtig gemütlich.

Diese Situation hält auch noch eine Weile an: Wetterbesserung, Vieh raus, dann wieder Dauerregen und Schnee, Tiere rein. Interessant ist, dass schon beim zweiten Mal, als wir die Kalbinnen in den Stall bringen, alle Tiere wieder »ihren« Platz aufsuchen – den gleichen wie ein paar Tage zuvor. Auch die Hierarchie unter den Rindern ist klar zu erkennen, muss aber offenbar immer wieder neu verhandelt werden. Des Öfteren bremse ich diese Machtkämpfe etwas ab. Meistens reicht es schon, wenn ich die Kontrahenten laut zurechtweise, wie die Lehrerin in der Schule. So schauen mich die Tiere dann auch an: mit großen Kuhaugen, die zu fragen scheinen: »Was willst du denn, wir sind ja schon wieder brav…« Hat mein extra-dominantes Auftreten einmal keinen Erfolg, gehe ich mit dem Stock dazwischen – ich schlage die Tiere nicht, aber allein mein Almstecken zwischen ihren Köpfen signalisiert ihnen: Aufhören! Und zwar sofort! Das wirkt eigentlich immer.

Erst nach drei Wochen, am 12. Juni, wird es deutlich wärmer. Die Kälteperiode ist definitiv überwunden. Erstaunlich – in der relativ kurzen Zeit haben die Tiere ein deutlich dichteres, fast kuscheliges Fell bekommen. Die Natur reagiert sehr schnell und passt sich den Umständen an.

## AUF KÄLTE FOLGT EINE HITZEWELLE

Nach Kälte und Schnee wird es in den Wochen danach richtig heiß, die Temperatur auf 1200 Metern erreicht fast die 30-Grad-Marke. An die extreme Kältewelle schließt sich so eine Trockenperiode von über sechs Wochen an – von einem Extrem in das andere.

Die Wasserversorgung der Alm ist sehr gut, und seit vor Jahren eine Zisterne gebaut wurde, ist die Gefahr des Wassermangels gebannt, der in früherer Zeit oft gegen Ende der Almsaison Probleme bereitete.

Doch jetzt, im August, hat es seit über vier Wochen nicht mehr geregnet, und immer noch herrscht ausgesprochenes Bilderbuchwetter – für die Schulkinder, die Ferien haben, ein Traum, für die Almen ein Alptraum. Von vielen Seiten höre ich, dass Rinder vorzeitig ins Tal getrieben werden müssen, weil die Wasserquellen versiegen. Der Gedanke daran macht mir richtig Angst. Wir entscheiden uns, den Brunnen vor der Hütte für das Vieh abzudrehen, um den restlichen Wasservorrat für die Hüttenversorgung sicherzustellen. Ich versuche, wo es geht zu sparen. Beim Reinigen von Butter-, Milch- und Käsegeschirr darf ich nicht an Wasser sparen – die Hygiene hat Vorrang. Doch beim Duschen, Abwaschen und der Toilettenspülung kann ich den Wasserverbrauch enorm reduzieren. Meine Haare wasche ich eben nur noch einmal in der Woche, und Duschen wird durch Waschen am Waschbecken ersetzt. Jetzt zählt wirklich jeder Liter – »Kleinvieh macht auch Mist«, und das gilt jetzt auch beim Wasserverbrauch.

Einige Meter unterhalb der Hütte befindet sich ein weiterer, etwas kleinerer Brunnen, der immer noch Wasser führt. So treibe ich das Vieh täglich dreimal zu dieser Stelle. Es ist eine große Herausforderung, die Tiere umzupolen: Sie müssen verstehen, dass sie selbstständig zu diesem anderen Brunnen gehen sollen und nicht zu den gewohnten Brunnen. Doch bald treibt sie der Durst in die richtige Richtung.

Die kleinen Kälber brauchen aber noch täglich Unterstützung. Dazu verwende ich ein Lockmittel, das immer funktioniert: Mit einem Eimer voll Kraftfutter laufe ich vor ihnen her und locke sie so zum Brunnen. Es macht richtig Spaß, wie sie hinter mir her galoppieren, und ich muss aufpassen, dass sie mich nicht vor Übermut mit Vollgas über den Haufen rennen.

Nachdem es nun schon wochenlang nicht geregnet hat und wir um den letzten Brunnen fürchten, besorgt sich Klaus eine fahrbare Wasserreserve und bringt über 7500 Liter Wasser hoch auf die Alm. Damit wird die Zisterne gefüllt, und so ist die Übergangszeit bis zum nächsten Regen und – sogar ohne Regen – bis zum Almabtrieb gesichert. Dann endlich, endlich geht die Trockenzeit zu Ende: Am 19. August fängt es an zu regnen – ein unbeschreiblich schönes Gefühl. Die ganze Anspannung fällt von mir ab.

Nicht nur in solchen Ausnahmejahren, sondern in jedem Almsommer ist es ab etwa Mitte August besonders schön hier auf der Alm, dann, wenn immer

öfter eine Inversionswetterlage auftritt. So heißt der Wetterzustand, der Talbewohner zuhauf aus dem Haus und auf die Berge treibt: Die bodennahe Kaltluft der Nacht kann von der schwächer werdenden Sonne nicht mehr erwärmt werden, und die kalte, feuchte Luft bleibt als trüber Nebel am Boden liegen. In der Höhe dagegen scheint die Sonne, die Fernsicht über dem Hochnebel ist hervorragend, und die Temperaturen sind sommerlich.

Erst das Ende einer herbstlichen Hochdrucklage bedeutet meist auch das Ende der Inversion: Wenn die ersten Herbststürme durch die Täler fegen, dann bläst der Wind auch den Nebel weg. Aber dann sind wir mit den Tieren schon längst wieder im Tal.

Morgens ist es im Herbst auf der Alm schon angenehm warm, die ersten Sonnenstrahlen spitzen über dem Samerberg hervor, und wenn ich um neun Uhr, nach getaner Stallarbeit, bei Sonnenschein draußen vor der Hütte frühstücke, blicke ich auf eine dicke weiße Wolkenschicht unter mir. Die Orte im Tal, die ich sonst von oben sehe, sind von undurchdringlichem Hochnebel bedeckt, und fast hat man das Gefühl, über ein Wattemeer laufen zu können – ein Traum.

Doch manchmal trügt der schöne Schein. Bis etwa zehn, elf Uhr strahlt die Sonne vom wolkenlosen Himmel auf die Alm, dann steigen die Wolken vom Boden stetig nach oben und hüllen mich ab dem Mittag für den Rest des Tages

ein, während es unten manchmal schön sonnig wird. An solchen Tagen gehe ich am Nachmittag sehr zeitig los, um meine Tiere zu suchen, damit ich nicht später stundenlang im Nebel umherirre.

Auf die Laune schlägt mir das aber nicht. Von der Sonne am Vormittag nehme ich mir ein paar Strahlen mit, die mir in den nebligen Stunden das Gemüt erhellen. So habe ich mir das zurechtgelegt. Ich stelle mir eine Batterie in meinem Inneren vor, die sich bei Sonnenschein auflädt. Bei trübem Wetter oder gedrückter Stimmung zapfe ich sie dann gedanklich an – klingt vielleicht verrückt, aber bei mir wirkt es. Und wer heilt, hat schließlich recht.

# Halbzeit – wie geht es mir?

*F*ür mich ist es ein großes Gefühl von Freiheit, über vier Monate an einen festen Ort gebunden zu sein. Das klingt im ersten Moment ziemlich widersinnig, ich weiß. Die ganze Almzeit bleibe ich fast ausschließlich hier auf der Hütte. Gelegentlich fahre ich ins Tal, um mit meiner Musikkapelle zu musizieren oder um mal einen Geburtstag mitzufeiern. Ansonsten bin ich von morgens bis abends hier oben auf der Alm. Und ich muss ehrlich zugeben: Ich genieße es sehr, hier oben keine Termine, keine Kurse und Einladungen wahrnehmen zu müssen. Am Abend habe ich trotzdem meistens etwas Zeit und oft auch Gäste – aber keinerlei Verpflichtungen. Wanderer und Radler kommen zu mir hoch, weil sie für ein paar Stunden Abstand vom Alltag gewinnen wollen, sich auf eine gute Brotzeit und einen Ratsch mit der Sennerin freuen. Die Geselligkeit mit Freunden und Bekannten ist mir sehr wichtig, und meine Besucher sehen das auch so. Die Alm ist, Gott sei Dank, nicht zu stark frequentiert und im Grunde noch ein Geheimtipp, worüber ich sehr glücklich bin.

Wer kommt, wann und wie viele Menschen kommen, ist von Tag zu Tag unterschiedlich. Auch, ob der Abend lang wird und man bis spät in die Nacht vor der Hütte sitzt, entscheidet sich ganz spontan. Und genau diese Situation gibt mir dieses Freiheitsgefühl. Ich bin nach getaner Arbeit »zu Hause« und bekomme doch regelmäßig Besuch. Einmal keine Pflichttermine – das finde ich sehr befreiend. Natürlich sind meine Freizeitaktivitäten im Tal freiwillig, und die mache ich auch mit viel Freude: Blasmusik, Yogastunden oder einen interessanten neuen Kräuterkurs. Doch die Verpflichtung, regelmäßig teilzunehmen, auch an Abenden, an denen ich müde bin, wenn ich mich kränklich fühle, oder wenn ich einfach mit meinem Mann ein Glas Wein trinken will und sonst keine Lust auf nichts habe – diese Verpflichtung empfinde ich gelegentlich als anstrengend.

Ich habe das Gefühl, wir überfrachten uns heutzutage oft zu sehr, um ja nichts zu verpassen und immer up to date zu sein – ich nehme mich da nicht aus. Es gibt unüberschaubar viele Freizeitangebote, eines verlockender als das andere, und daraus das für einen selber richtige herauszufinden bedarf schon einer guten Intuition. Wie in einem Strudel werde ich da auch oft mit eingesogen. Die Schnelllebigkeit unserer Zeit lässt mir oft kaum Zeit zum Verschnaufen und Innehalten. Spontan jemanden zu besuchen, weil man gerade Lust darauf hat, ist durch unsere dichten Terminpläne schon fast nicht mehr möglich. Und ist es nicht eigentlich total daneben, wenn ich mit guten Freundinnen telefonisch einen Termin für einen Kaffeeratsch vereinbaren muss?

Diesem Sog und diesem Druck entziehe ich mich auf der Alm für mehrere Monate: Hier gibt es keine Entscheidungsschwierigkeiten in der Freizeitgestaltung, ich lebe nur im Hier und Jetzt, in der Spontanität. Da kann meine Seele wieder auftanken, und ich habe wieder ein offenes Ohr für meine innersten Wünsche. Das bedeutet nicht, dass ich den ganzen Tag herumsitze und mir die Sonne auf den Bauch scheinen lasse. Nein, hier oben heißt es anpacken, viel arbeiten und damit auch körperlich wirklich an seine Grenzen kommen. Der entscheidende Unterschied für mich ist, dass in meinem Kopf nicht zehn Dinge kreisen, die ich jetzt eigentlich zu erledigen hätte. Die Natur und meine Kühe bestimmen den Rhythmus.

Ich bin den größten Teil des Tages draußen an der frischen, sauberen Bergluft, und der viele Wind, der um meine der Witterung ausgesetzte Alm bläst, fegt meinen Kopf so richtig frei. Meine Aussicht erstreckt sich über ganz Rosenheim und zum Teil bis an den Bayerischen Wald, über den Chiemsee und den südöstlichen Alpenverlauf. Dieser Anblick, den ich täglich genießen darf, erfüllt mich mit großer Ehrfurcht und Dankbarkeit.

Ein weiterer wichtiger Punkt sind die enorme Wertschätzung und Anerkennung, die ich hier auf der Alm erfahre. Als Sennerin ist man sehr angesehen im bäuerlichen Voralpenland. Die Menschen hier wissen, wie viel man leisten muss und welch große Verantwortung eine Almerin trägt, die ganz allein auf der Alm ist und die komplette Alm samt Tieren versorgt. Das Schöne daran: Es wird mir auch gesagt. Ganz oft höre ich Lob und anerkennende Worte von meinen Gästen, den vorbeikommenden Wanderern, was mich sehr berührt. Noch viel mehr aber gilt mir das Lob von meinem Bauern, das ich – das muss ich ehrlich zugeben – aufsauge wie ein Schwamm.

Obwohl ich hier alles gerne und selbstverständlich mache, beflügelt mich so ein Lob insgeheim doch sehr. So, wie der Magen Essen und Trinken braucht, so braucht unsere Seele Lob und Anerkennung. Seit mir das klar geworden ist, versuche ich nun auch, das Lob, das mir zuteilwird, weiterzugeben an andere, die auch Anerkennung verdienen. Es reicht nicht, jemanden innerlich zu bewundern für eine Leistung oder eine Hilfestellung oder was auch immer. Man muss es ihm auch sagen. Und das beherzige ich seit meiner Almzeit ganz bewusst: Sich selbst und andere zu schätzen und dies auch auszusprechen ist mir sehr wichtig geworden.

## DAS VERHÄLTNIS ZUR BAUERNFAMILIE

Es gibt viele Erlebnisse, die dazu beigetragen haben, dass die Almzeit bisher mit die schönste Zeit in meinem Leben ist. Die Basis dafür ist mit Sicherheit die enge Verbindung zu meiner Bauernfamilie. Schon bei unserem ersten Treffen in der Stube des Bauern hatte ich das Gefühl: Ja, das passt! Die Bäuerin öffnete mir die Tür, und während unseres Kennenlerngesprächs kamen abwechselnd die drei fast erwachsenen Töchter herein, horchten ein wenig zu und gingen wieder zur Tür hinaus. Der Bauer, draußen noch beschäftigt, schaute nur kurz vorbei und fragte uns, ob schon alles besprochen sei. Ja, meinte die Bäuerin, das würde passen. So wurde ich die neue Sennerin – innerhalb von ein, zwei Stunden war alles erledigt. Die Basis: gegenseitiges Vertrauen und gegenseitige Wertschätzung. Das Gefühl dabei war unbeschreiblich. Dass mir die ganze Familie innerhalb von so kurzer Zeit ein so bedingungsloses Vertrauen entgegenbrachte, hat mich tief berührt und nachhaltig geprägt.

Eine Almsaison bedeutet nicht nur Arbeit, sondern auch große Verantwortung. Eine Alm wie die Rampoldalm mit bis zu 55 Stück Vieh, darunter zwei wertvolle Milchkühe, viele kleine Kälber und 40 Hektar Almfläche werden einem für vier Monate als Aufgabenbereich überlassen. Natürlich stehen mir die Bauern mit Rat und Tat zur Seite und kommen regelmäßig auf der Alm vorbei. Dank Handy kann ich sie auch jederzeit erreichen und um Hilfe bitten. Doch die Hauptverantwortung auf der Alm bleibt bei mir.

Unser Verhältnis war im ersten Almsommer schon sehr gut und hat sich über die Jahre noch vertieft. Für mich sind meine Almbauern wie eine zweite Familie, und wie von einer Familie gehalten, einbezogen und respektiert fühle ich mich auch. Jedes einzelne Familienmitglied ist mir sehr ans Herz gewachsen, und ich sage immer, bessere Almbauern kann man sich nicht wünschen.

Im Heimatdorf meiner Bauern hat die Großfamilie noch einen hohen Stellenwert, und die Familienfeste im Jahreslauf werden intensiv und mit Leidenschaft begangen. Feiert einer aus der Familie Geburtstag, bin ich ganz selbstverständlich eingeladen, wie ein Familienmitglied. Dann fahre ich mit meinem Rad auf einen Geburtstagskaffee hinunter ins Tal und strample dann wieder gen Alm, pünktlich zur Stallarbeit. Das Verhältnis ist von gegenseitiger Achtung, Anerkennung und mittlerweile großer Freundschaft geprägt.

# DER ALMGARTEN

Wenn der Wetterbericht Anfang, Mitte Juli eine stabile Schönwetter-periode vorhersagt, am besten, wenn es trocken und heiß wird, mähen wir den Almgarten. Den darf man sich nicht vorstellen wie ein Kraut-gärtlein mit Salat und Gemüse: Der Almgarten ist ein Stück Wiese ganz nah bei der Hütte, etwa ein Tagwerk groß und rund 3400 Quadratme-ter der Weide. Diese Wiese ist von Beginn der Almzeit an mit einem Zaun umgeben, damit das Vieh sie nicht betreten kann. Hier wächst das Gras ungehindert, und kurz vor dem Mähen blühen hier die schönsten Blumen und Gräser – eine richtige Almwiese wie aus dem Bilderbuch. Schmetterlinge, Hummeln und eine ganze Reihe anderer Insekten wie Schwebfliegen und Schlupfwespen werden durch den süßen Nektar der Blüten angezogen. Ein zarter Honigduft und ein Schwirren und Brummen liegen in diesen Tagen über dem Almgarten, der nur einmal im Jahr gemäht wird. Dann haben viele der Blumen und Gräser ihre Samen schon ausgebildet, die nach dem Mähen in der Erde ruhen bis zum nächsten Jahr. Deshalb blüht es hier so schön,

anders als auf den Grünwiesen im Tal, auf denen die Sommerblumen gar nicht zum Blühen kommen, bevor gemäht wird.

Aus dem gemähten Gras wird das Heu gewonnen, das dann auf der Alm lagert. Aber auch nach dem Heumachen bleibt das Wiesenstück eingezäunt. Bis Anfang September ist wieder ausreichend Gras nachgewachsen, das meine beiden Milchkühe dann in kleinen Portionen fressen dürfen, wenn das Almgebiet schon weitgehend abgeweidet ist.

Die Mahd des Almgartens ist ein Ereignis, auf das ich mich schon lange vorher freue. Klar bedeutet es viel Arbeit, schließlich wird vieles noch per Hand gemacht, weil der Einsatz der großen Maschinen auf der Alm nicht möglich ist. Klaus kommt dann mit seinem kleinen motorisierten Balkenmäher auf die Alm und mäht in mehreren Stunden die Wiesenfläche. Am nächsten Tag hilft die ganze Bauernfamilie zusammen. Das gemähte Gras wird von Hand, mit Rechen und Heugabeln, mehrmals am Tag gewendet, wieder »ogstraht« – also ausgestreut – und wieder gewendet. Es muss, bevor es unters Dach kommt, vollständig trocken sein, sonst schimmelt es. Meist sind wir fünf bis acht Personen, die über Stunden das Heu wenden. So muss es früher gewesen sein, denke ich mir immer: als noch ganze Familien und das halbe Dorf im Sommer auf den Feldern zusammengearbeitet haben. In den Pausen hat man gegessen und getrunken, und am Abend wurde gesungen, auch wenn alle müde waren von der Arbeit. Auch wir ratschen und lachen und singen zusammen, während wir auf der Wiese arbeiten. In den Wartepausen, wenn das Heu in der Sonne trocknet, machen wir Brotzeit oder trinken Kaffee. Es ist ein unbeschreiblich schönes Gefühl, den ganzen Tag zusammenzuarbeiten, gute Gespräche zu führen und dabei auch viel Spaß zu haben. Und das alles während der Arbeit. Das Wetter ist – natürlich – immer warm und sonnig, sonst wird ja nicht gemäht. Wir haben also beim Heumachen einen traumhaften Blick ins Tal, weiter zu den Nachbaralmen und über die Berggipfel. Am dritten Tag, wenn Sonne und Wind das Heu ausreichend getrocknet haben, rechen wir das Heu in lange Reihen zusammen, die dann auf den Heuwagen aufgeladen werden. Jeder ist mit Freude und Begeisterung dabei. Das Heu wird dann auf die Rückseite der Almhütte gefahren, wo wir es aufgabeln und nach oben in den Heuboden werfen.

Dort muss eine von uns stehen und das Heu fassen. Das knistertrockene, duftende Heu wird aufgeschichtet und für den nächsten Almsommer gelagert. Es ist wichtig, dass genügend Heuvorrat auf der Alm ist. Milchkühe und Kälber bekommen jeden Tag ihre Rationen, und wenn wieder einmal ein plötzlicher Wintereinbruch kommt und die Kalbinnen kein Gras mehr finden, müssen auch sie eine Weile mit dem Heu gefüttert werden. Nach drei Tagen Arbeit ist der Heuboden wieder voll mit gutem Heu. Wir setzen uns alle auf der Alm noch einmal zusammen, essen von mir selbst gebackene Laugenstangen mit Blüten-Kräuterbutter und trinken ein Bier – müde, aber zufrieden.

# Laugenstangen mit Blüten-Kräuterbutter

## Laugenstangen

I EL FLOHSAMEN

500 G ROGGENMEHL

500 G DINKELMEHL (TYPE 1050)

I PCK. TROCKENHEFE

I TL HONIG

I EL GETROCKNETER SAUERTEIG
(BIOLADEN, REFORMHAUS)

I TL GEMAHLENES BROTGEWÜRZ
I GESTR. EL GEMAHLENER SCHAB-

ZIGERKLEE (BIOLADEN, KRÄUTER-
LADEN, MÜHLENLADEN)

1,5 EL STEINSALZ

3 EL OLIVENÖL

ETWA 600 ML LAUWARMES WASSER

I EL NATRON

EVENTUELL SAATEN ZUM
BESTREUEN (SESAM- ODER MOHN-
SAMEN, KÜRBIS- ODER SONNEN-
BLUMENKERNE)

**1** Den Flohsamen in 200 ml Wasser einrühren und quellen lassen.

**2** Aus den restlichen Zutaten (außer Natron) und etwa 400 ml lauwarmem Wasser einen Brotteig herstellen wie beim Almbrot. Dabei das Flohsamengelee unterkneten. Den Teig gehen lassen.

**3** Aus dem Teig schmale Stangen formen. Die Teigmenge ergibt bei mir etwa acht Stück, man kann aber auch mehr kleinere oder wenige größere Stangen herstellen. Die Stangen auf ein mit Backpapier belegtes Blech geben und nochmals 15 Minuten gehen lassen.

**4** In der Zwischenzeit in einer kleinen Schale 50 ml heißes Wasser und 1 EL Natron verrühren. Die Stangen mit der heißen Flüssigkeit gut einpinseln. Diesen Vorgang zweimal wiederholen. Nach Belieben die Stangen an der Oberfläche einschneiden oder mit Saaten bestreuen und im Backofen bei 220 °C 25–30 Minuten goldbraun backen.

▶ Die Laugenstangen werden durch den Flohsamen sehr saftig und halten einige Tage frisch. Flohsamen hat eine starke Quelleigenschaft und unterstützt außerdem die Darmfunktion.

## Blüten-Kräuterbutter

| | |
|---|---|
| 250 g Butter | 2 Knoblauchzehen |
| 1 Handvoll frische Kräuter und Blüten nach Jahreszeit (siehe unten) | 1-2 TL Zitronensaft |
| | Steinsalz, Pfeffer |

**1** Den Butter aus dem Kühlschrank nehmen und bei Zimmertemperatur weich werden lassen.

**2** Kräuter und Blüten säubern und fein schneiden. Knoblauch schälen und fein hacken oder durch die Knoblauchpresse drücken.

**3** Butter mit Kräutern, Blüten und Knoblauch verrühren. Mit Zitronensaft, Salz und frisch gemahlenem Pfeffer würzig abschmecken. Den Butter zugedeckt im Kühlschrank durchziehen lassen und kalt servieren.

◆ Mein Blüten-Kräuterbutter hält im Kühlschrank gut eine Woche frisch und passt zu einem guten Bauernbrot genauso wie zu kurz gebratenem oder gegrilltem Fleisch und Gemüse. Ich friere den Butter aber auch gern in kleinen Schraubgläsern ein und habe ihn so auch mitten im Winter zur Hand.

◆ An Blüten verwende ich zum Beispiel: Ringelblumenblüten, Sonnenblumenblütenblätter, Kapuzinerkresseblüten, Rosenblüten, Kornblumen- und Borretschblüten…

◆ An Kräutern nehme ich gern: Kapuzinerkresseblätter, Petersilie, Rosmarin, Schnittlauch, Thymian, Estragon, Zitronenmelisse, rosa Pfefferbeeren …

# Vom Alleinsein, von Besuchern und Almnachbarinnen

Über Besuch freue ich mich eigentlich immer – eigentlich, denn ich bin auch sehr gern allein. Das kann ich mir nur meistens nicht aussuchen. Denn Besuch auf der Alm meldet sich im Allgemeinen nicht an.

Manche fragen mich, ob ich nicht einsam bin auf der Alm – genau genommen ist das eine der Fragen, die mir am häufigsten gestellt werden. Nein, sage ich da immer, ich fühle mich nie einsam. Und das entspricht der Wahrheit. Allerdings sitze ich ja nicht auf einer hochalpinen Alm fern von jeder menschlichen Ansiedlung. Meine Alm ist über einen Fahrweg erreichbar, und durch die Aussicht ins Tal und zu zwei Nachbaralmen habe ich nie das Gefühl, ich sei weit weg und abgeschnitten vom Leben. Der Bauer kommt regelmäßig, holt den Butter und bringt Getränke oder Futter für die Kälber. Freunde und Verwandte, Wanderer und Radler kommen vorbei.

Es gibt aber auch viele Tage, an denen ich ganz alleine bin hier oben. An den Regentagen finden nur selten Wanderer den Weg zu mir, und selbst an schönen Tagen bin ich bis Mittag ganz für mich. Ich genieße diese Zeit sehr, und das Gefühl von Einsamkeit überkommt mich sehr selten. Einsamkeit, denke ich, hat weniger damit zu tun, dass man irgendwo alleine ist. Sonst wären nicht so viele Menschen einsam, die permanent in Aktion und mit anderen zusammen sind: im Beruf, in der Freizeit, beim Sport und auf Partys. Trotz des Trubels sind sie einsam. Auch ich fühle mich im Tal manchmal einsamer als hier auf der Alm, gerade in großen Menschenmengen. Vielleicht ist es ein Glück, gebraucht zu werden und akzeptiert zu sein – so, wie man ist. Die ständige Anwesenheit der Kühe und Kälber mit ihrem ununterbrochenen Glockengeläut und meine Katze, die mir gerade wieder stolz eine Maus in die Almstube bringt, machen mich fröhlich und zufrieden. Entscheidend ist die eigene Zufriedenheit mit sich selbst und mit dem, was man den ganzen Tag macht. Jeder Handgriff hier auf der Alm hat Sinn und ist notwendig, sodass sich abends nach der Arbeit – und nach einem Glas Wein – ein wohliges Gefühl der Zufriedenheit ausbreitet. Ich genieße die Stille, lasse den Tag noch einmal Revue passieren und schreibe einige Zeilen ins Tagebuch, bevor ich dann müde und erschöpft einschlafe.

Überkommt mich wirklich einmal die Einsamkeit, gehe ich zu meinen Kühen. Die Ruhe und die Gelassenheit, die sie ausstrahlen, bringen mich manchmal zum Weinen, noch öfter aber zum Lächeln – über so viel Glück, das ich mit ihnen habe. Die Gegenwart der Tiere gibt mir Kraft und Vertrauen, und dadurch ist das Gefühl der Einsamkeit schnell verflogen.

## BESUCHER

Radler und Almwanderer kommen gern zur Einkehr, auch weil die Rampoldalm die höchstgelegene Alm in diesem Gebiet ist, am Ende des Fahrwegs und am Wanderweg zum Gipfel. Nicht mehr weit ist es von hier aus auf die Rampoldplatte und die Hochsalwand, die Aussicht von der Hütte ist ein Traum, und das genießen auch die Besucher. An meiner Alm ist kein Schild angebracht, das auf Bewirtung hindeutet. Wenn man nicht über den Fahr-, sondern den Wanderweg kommt, dann erreicht man die Hütte auf der Wetterseite, auf der Rückseite, wo die Viehtränke und der Stalleingang sind. Die schöne Terrasse auf der anderen Seite sieht man da gar nicht. Sonst würde ich im Sommer von den Besuchermassen überrannt und hätte keine Zeit mehr für meine eigentlichen Arbeiten. Nur meine Schiefertafel deutet darauf hin, dass ich manchmal auch für meine Gäste da bin: Ich habe sie an meiner Hüttentür aufgehängt, mit einem Stück Kreide daran. Wenn ich zum Koimazählen gehe, schreibe ich auf, wann ich wieder da sein werde: »Bin bei de Koima bis etwa 11 Uhr.« Auf der Tafel empfange ich aber auch Botschaften von Vorbeikommenden, wenn sie mich nicht angetroffen haben. Darüber freue ich mich, wenn ich wiederkomme. Andere haben Zeit, genießen es, sich vor der Alm in die Sonne zu setzen, und warten auf mich. Manche Wanderer fragen ganz vorsichtig nach einem Glas Milch oder Buttermilch und freuen sich, dass sie eine Alm vorfinden, die nicht überlaufen und auf Massenabfertigung ausgerichtet ist. In meinen drei Almsommern auf der Rampoldalm wurden

die Besucher allmählich immer mehr, weil sich von Mund zu Mund solche Tipps schnell verbreiten – ich schätze, es lag zum einen an meinem Topfenstrudel und außerdem an der Musik, die hier häufig erklingt. Weil ich viele Musikanten kenne, besuchen mich natürlich auch viele Musikerkollegen und bringen ihre Instrumente mit – und das genieße nicht nur ich, sondern es freut auch die Gäste, wenn es frisches, gutes Essen gibt, selbst hergestellte Buttermilch und dazu noch »handgemachte« Musik.

Von Zeit zu Zeit höre ich Weisen, auf dem Flügelhorn geblasen, die vom Gipfel der Rampoldplatte herunter zu mir dringen. Dann weiß ich: Das können nur meine Musikerkollegen, der Sturm Gust und der Simmerl, sein, die

mir sicher gleich einen Besuch abstatten. Die beiden sind schon im Rentenalter, aber noch topfit, und wenn es die Zeit erlaubt, gehen sie in die Berge. Wie sie kommen viele ältere Wanderer auf die Alm, und es ist faszinierend, wie aktiv und lebensfroh sie sind. Es ist kein Katzensprung auf meine Alm, man geht mindestens eineinhalb bis zwei Stunden vom Tal aus – und oft ziehen die Wanderer noch weiter auf die anderen Almen. Mich motivieren diese Menschen sehr, und sie bestärken mich, nie aufzugeben. Ich nehme mir fest vor, alles dafür zu tun, dass ich wie sie auch mit über 80 Jahren noch wie eine Gams über die Almen wandere.

## ALPHORNKLÄNGE VOM GIPFEL

Einmal in jedem Almsommer radeln auch der Stocker Reinhard, meist einfach nur Stocker genannt, und der Bauer Hansi zu mir auf die Alm – beide Musikanten in verschiedenen Tanzbands. Jeden Almsommer nehmen sie sich extra für einen Besuch bei mir einen Tag frei. Gegen den ersten Durst bekommen sie eine Russenmass, eine beliebte Mischung aus Weißbier und Zitronenlimonade. Und weil die beiden zu den wenigen gehören, die sich anmelden, habe ich dann immer einen frischen Topfenstrudel gebacken.

Bei ihrem letzten Besuch nahmen der Stocker und der Hans unsere beiden Alphörner – mein Mann Franz und ich besitzen jeder eines –, während ich mich zur Stallarbeit bereit machte. Ich sah gerade noch, wie sie auf dem Weg Richtung Gipfel verschwanden, die Alphörner geschultert, sodass sie schon beim Gehen die ersten Stücke spielen konnten. Immer wieder trat ich aus dem Stall hinaus, um zu lauschen. Sie improvisierten auf den Alphörnern, es klang wunderbar – tief und sonor, wie aus dem Bauch des Berges kamen die Töne. Das Alphorn ist ja, finde ich, das Instrument schlechthin für das Spielen in freier Natur. Stocker und Hans versuchten sich sogar an Volksliedern – wobei jeder, der Alphorn spielt, weiß, dass durch die begrenzte Anzahl von Tönen bekannte Melodien nur

schwerlich zu spielen sind. Das hielt die beiden auf dem Gipfel nicht davon ab, alles aus den Alphörnern herauszuholen – mit teilweise irrwitzigem Ergebnis. Kaum zu glauben, welche Töne sie den Instrumenten entlockten.

Die Klänge waren weit im gesamten Almgebiet zu hören. Noch Tage später wurde ich von Nachbaralmerinnen und Wanderern darauf angesprochen. Der Stocker und der Hans bekamen zum Dank damals von mir noch eine stärkende Brotzeit und einen Abschiedsschnaps. Dann fuhren sie mit Stirnlampe und Flügelhorn auf ihren Rädern wieder ins Tal hinunter – es war wieder einmal sehr spät geworden.

# MEINE LEIDENSCHAFT – DIE MUSIK

*D*as Musizieren wurde uns Geschwistern von den Eltern quasi in die Wiege gelegt. Mein Vater, leidenschaftlicher Musikant, spielte Akkordeon und Posaune in verschiedenen Blasmusikkapellen und Tanzgruppen. Ihm war es immer sehr wichtig, uns alle drei für die Blasmusik zu begeistern. Mit Stubenmusik haben wir als Kinder begonnen, wir traten schon als Kinder und Jugendliche gemeinsam auf und spielten Akkordeon, Hackbrett und Gitarre. Alle drei spielen wir heute immer noch in verschiedenen Musikgruppen.

Auf der Alm sind natürlich mein Flügelhorn und das Alphorn immer mit dabei. Es ist ein besonderes Gefühl, das Flügelhorn in den Rucksack zu packen, auf den Gipfel zu gehen und Weisen zu blasen. Ich empfinde es so, als teilte ich mich der ganzen Welt unter mir mit – wie schön es hier ist, ganz oben, so nah am Himmel. Am Berg liebe ich es besonders zu spielen, da die Akustik und die Klangfarbe je nach Standort unglaublich stark variieren, und nicht selten erklingt ein leises Echo – wenn es nicht doch zufällig von anderen Musikanten kommt. Mit meinem Mann teile ich meine Musikleidenschaft am liebsten, oft spielen wir zu zweit auf der Alm: er Basstrompete, ich Flügelhorn. Die Klänge unserer Instrumente werden in die Ferne getragen – so berühre ich die Herzen vieler Menschen mit meiner Musik. Von den benachbarten Almerinnen und von Wanderern erhalte ich oft begeisterte Reaktionen, wenn sie unerwartet am Berg Musik zu hören bekommen. Ab und zu sind auch auf anderen Almen Musiker zu Besuch – sie antworten dann auf meine Musik mit einer eigenen Melodie. Das lässt mich ganz andächtig werden, und ich komme mir vor wie auf einer Zeitreise in die Vergangenheit, als die Menschen noch von Alm zu Alm und von Bergdorf zu Bergdorf mit Musik und mit Tönen kommunizierten.

## DIE SACHE MIT DER LATSCHENMASS

Eine Latschenmass kennt und trinkt man ausschließlich auf der Alm. Eine Latschenmass braucht die richtige Runde, man trinkt sie weniger als Durstlöscher oder zum puren Genuss, sondern vielmehr in einer Art Trinkritual. Nicht zuletzt muss man den Genuss einer Latschenmass oft genug mit einem Kater büßen, der sich gewaschen hat.

Auf der Rampoldalm kamen am Wochenende immer mal wieder ein paar Musiker auf eine Brotzeit zu mir heraufgewandert. Alle waren sie stets fesch gekleidet mit einem farbigen Trachtenhemd, Lederhosen und Bergschuhen und hatten ihre Instrumente dabei. Das ist eines der beglückenden Gefühle, die mich auf der Alm regelmäßig überfallen: dass man, wann immer man Lust dazu hat, musizieren kann. Es stört niemanden, und meistens gibt es irgendwen, dem man eine Freude damit macht – entweder den Gästen oder den Kolleginnen auf den Nachbaralmen.

Wenn dann alle gemütlich um den Tisch sitzen, fällt bald der Satz: »Jetzt machen wir uns eine Latschenmass.« Und sobald ich nachgesehen habe, ob noch Rotwein vorrätig ist, stapfen schon zwei der Burschen los. Ein paar Hundert Meter den steilen Hang hoch, Richtung Gipfel, befinden sich schon die ersten Latschenfelder. Latschen – das sind Latschenkiefern, niedrig und krüppelig wachsende Kiefern, die erst ab einer Höhe von 1000 Metern vorkommen.

Ich bereite in der Zwischenzeit einen Masskrug vor, gefüllt mit einem halben Liter trockenem Rotwein und genauso viel Zitronenlimonade. Dahinein kommt ein großer Zweig von den Latschen. Man sollte die Mischung mindestens fünf Minuten ziehen lassen, bevor man probiert. Meist bleibt der Zweig im Masskrug, bis der geleert ist. Denn es gibt für die ganze Runde nur einen Krug – er geht reihum, und jeder trinkt einen kräftigen Schluck.

Je länger die Latschenmass zieht, desto würziger wird der Geschmack. Kleine Mengen des Harzes sowie ätherische Öle aus dem Latschenzweig gehen in die Flüssigkeit über und sorgen für das einzigartige, gute Aroma. Das Latschenkiefernöl wendet man ja auch gegen Husten und Bronchitis an, also ist so eine Latschenmass eigentlich gesund, denke ich mir. Für den Kater am nächsten Morgen ist ja auch eher die Rotwein-Limonade-Mischung verantwortlich als der Latschenzweig. Über eine Bronchitis hat aber tatsächlich noch nie jemand geklagt nach einer Latschenmass.

### ANTI-KATER-TEE

Wenn man gemütlich zusammensitzt und der Krug mit der Latschenmass kreist, kommt es nicht selten vor, dass einer das richtige Maß übersieht. Für solche Fälle sollte man Walnussblätter vorrätig haben und sich daraus einen Tee brauen. Die darin enthaltenen Bitter- und Gerbstoffe helfen der erschöpften Leber bei der Regeneration. Wenn man also am Morgen aufsteht, Kopfschmerzen hat und sich richtiggehend vergiftet fühlt, einen also ein ausgewachsener Kater quält, dann kocht man aus einem Esslöffel klein geschnittener Blätter und einem halben Liter Wasser eine große Tasse Tee. Man sollte die Mischung etwa fünf Minuten ziehen lassen und dann abseihen. Wichtig ist, dass der Tee nicht mit Zucker oder Honig gesüßt wird, da die Bitterstoffe entscheidend für die Heilwirkung sind. Alles was bitter ist, unterstützt die Leber. Ich habe es selbst ausprobiert – am eigenen Leib erfahren sozusagen. Einmal, das war daheim im Tal, hatte ich auch zu viel Alkohol erwischt und fühlte mich am nächsten Morgen furchtbar. Mein Mann brühte mir dann einen Walnussblättertee aus frischen, jungen Blättern auf – wir haben einen riesigen Walnussbaum vor dem Haus stehen. Ich war verblüfft, wie schnell ich mich erholte. Seither pflücke ich im Frühsommer immer einen kleinen Vorrat junger Blätter, trockne sie und habe damit ein gutes Anti-Kater-Mittel, das ich auch auf die Alm mitnehme.

Neben den Musikanten besuchen mich natürlich auch andere Freunde und meine Verwandten, ebenso wie die Bekannten und Verwandten der Bauernfamilie. Das »Zsammhocken« wird bei uns noch sehr intensiv gepflegt – und wo könnte man schöner beieinandersitzen und ratschen als auf der Alm? Meist wird es dann besonders lustig, es wird getrunken und gelacht, und leider Gottes wird es für mich oft viel zu spät. Mein Wecker klingelt am nächsten Morgen einfach erbarmungslos um 4.30 Uhr.

Doch genau diese Abende geben mir Kraft, Lust und Freude am nächsten Tag wieder voller Elan meine Arbeit zu verrichten. Es wird gefachsimpelt, über die Alm, über die Tiere, die Musik, über Beziehungen und über Ereignisse im Dorf gesprochen. Außerdem wird » a bissel dumm daher g'redet«, wie es bei uns heißt: »geblödelt«, könnte man das übersetzen. Ich tische eine gute Almbrotzeit auf, und die Schnäpse verschiedener Bauern werden durchprobiert. Wenn dann ein anerkennendes Raunen durch die Runde geht und alle meinen guten Käse und mein Almbrot loben, ist das wie Balsam für die Seele. Ich muss zugeben: Die Anerkennung und Zuneigung, die ich auf der Alm erfahre, überwältigen mich immer wieder. Damit habe ich niemals gerechnet.

# EIS AUF DER ALM

Besonders gerührt hat mich ein Besucher in meinem zweiten Almsommer. Das Wetter war trüb, und nur vereinzelt kam ein Wanderer des Wegs. Ich saß gemütlich in meiner Stube und blickte aus dem Fenster, als ein Mann auf der Fahrstraße daherkam und zielstrebig auf meine Hütte zuschritt – in Arbeitskleidung und Gummistiefeln, in der Hand eine Art Paket. Ein Blick durchs Fernglas sagte mir, dass ich ihn kannte, es war ein Bekannter unten aus dem Dorf, der mich gelegentlich auf ein Feierabendbier besucht. Doch was wollte er am späten Nachmittag hier oben, offenbar mitten unter der Arbeit? Als er näher kam und die Papierverpackung lüftete, traten mir vor Rührung Tränen in die Augen: Er hatte einen Eisbecher zu mir hochgetragen, weil ich doch so gern Eis essen und auf der Alm nie eines bekommen würde, meinte er. Er hatte es noch schnell in der Eisdiele geholt, bevor er selbst im Tal in den Stall gehen musste und wollte es mir herauffahren. Auf halber Strecke nach oben blieb er aber mit seinem Auto stecken und trug mir die süße Überraschung zu Fuß hoch. Die Eiskugeln hatten sich schon ziemlich aufgelöst, schmeckten aber trotzdem so köstlich, wie mir selten ein Eis geschmeckt hat. Zum Dank bekam er ein Stamperl Schnaps, dann verabschiedete er sich schon wieder, um rechtzeitig bei seinen Tieren im Stall zu sein.

## VERIRRTE WANDERER

An einem Sonntagnachmittag, draußen regnete es schon den ganzen Tag, und es war ziemlich kalt, saß ich mit meinem Mann gemütlich in der Almstube. Das Holz knisterte im Ofen, und wir hatten uns nach getaner Arbeit eine Kanne heißen Kräutertee zubereitet. An Sonntagen kommen eigentlich immer Wanderer vorbei, aber bei diesem Wetter rechneten wir nicht mehr damit. Der Nebel zog schon weit über die Hütte hoch, die Sicht betrug nur ein paar Meter. Da klopfte es plötzlich an der Tür. Ein älteres Ehepaar stand durchnässt und zitternd vor uns und fragte, ob noch jemand mit dem Wagen ins Tal fahre. Unser rotes Auto stand vor der Hütte, weil Franz mir einige Lebensmittel mit hochgebracht hatte.

Wir baten sie in die Stube herein, damit sie sich erst einmal aufwärmen konnten. Sichtlich erleichtert nahmen sie das Angebot an. Ich kochte ihnen Tee und hatte auch noch etwas Kuchen, den ich anbot. In Decken eingehüllt, am warmen Ofen sitzend entspannten sie sich langsam, und ihre Gesichter bekamen wieder eine gesunde Farbe.

Und dann erzählten sie ihre Geschichte. Sie kamen aus Nürnberg, lieben die Berge und waren öfter schon im Wendelsteingebiet unterwegs. Doch dieses Mal hatten sie sich völlig verlaufen, dann begann es zu regnen, und der Nebel wurde immer dichter. Nach stundenlangem Umherirren standen sie unversehens vor meiner Almhütte.

Wir unterhielten uns eine ganze Weile, sie stellten viele Fragen und waren sehr an meinem Leben hier auf der Alm interessiert. Franz nahm sie dann im Auto mit ins Tal und fuhr sie noch zu ihrem Wagen nach Bad Feilnbach. Und ich machte mich auf den Weg, meine Kühe zum Melken hereinzuholen.

Wochen später, im Oktober, ich war schon einige Zeit wieder daheim, brachte der Postbote ein großes Paket aus Nürnberg. Ich wusste sofort, wer die Absender waren – hatten wir doch auf der Alm noch darüber gesprochen, dass ich so gern Lebkuchen esse. Trotz meiner Vorfreude wartete ich, bis Franz von der Arbeit kam. Dann öffneten wir gemeinsam die riesige Schachtel: vier große Tüten mit den besten Nürnberger Lebkuchen, für Franz einen Flachmann mit einem grünen Filzband, mit einem Hirschen bestickt, und für mich ein selbst gesticktes Monogramm in einem schönen Holzrahmen. Dabei lag ein drei Seiten langer Dankesbrief! Wir waren überwältigt: Denn für uns bedeutete es eine absolute Selbstverständlichkeit, verirrten Wanderern zu helfen. Im Spätherbst besuchten sie uns sogar noch einmal – diesmal, ohne sich zu verlaufen. An diese Begegnung denke ich oft zurück – und mein Mann auch, denn er hat den schönen Flachmann immer in seinem Rucksack dabei, wenn wir in den Bergen unterwegs sind.

## GEBURTSTAGSFEIER MIT SENSE

Da ich im Juni am Siebenschläfertag geboren bin, darf ich meinen Geburtstag immer auf der Alm feiern – für mich die schönsten Geburtstagsfeste. Ich lade niemanden ausdrücklich ein, aber Freunde und Familie wissen: Wer Lust hat zu kommen, ist herzlich eingeladen. In allen meinen Almsommern hatte ich bisher schönes Wetter am Geburtstag, und wir saßen bis in den Abend hinein vor der Hütte, ratschten und feierten. Zum Kaffee backe ich natürlich meinen Topfenstrudel, und die Christl, meine Mutter, und die Schwiegermutter bringen Schmalzgebackenes mit. Denn so viel Extra-Zeit habe ich auch an meinem Geburtstag nicht – die Stallarbeit und die Milchverarbeitung müssen ja wie an jedem anderen Tag erledigt werden, das kann ich nicht einfach ausfallen lassen. Umso mehr freue ich mich über meine entspannten Besucher. Sie bleiben einfach gemütlich vor der Hütte sitzen, während ich am späten Nachmittag für ein, zwei Stunden im Stall verschwinde. Danach bin ich dann auch hungrig und bereite für alle eine schöne Almbrotzeit zu: mit meinem selbst gemachten Käse, Almbrot, Kräutertopfen und Speck.

In meinem zweiten Almsommer sah ich gegen Mittag zwei Menschen zu Fuß auf dem Fahrweg daherkommen. Sie trugen beide Tracht – eine Frau im Dirndlgwand und ein Mann mit einem Trachtenhut. Schnell holte ich mein Fernglas – und musste schmunzeln. Es war meine Mutter mit ihrem zweiten Mann, dem Wast. Fröhlich gemeinsam singend – was sie oft tun, nicht nur auf der Alm – marschierten meine lieben Eltern der Alm entgegen. Aber was trug

Wast da über der Schulter? Als sie näher kamen, sah ich es eindeutig: Es war eine schöne neue Sense, mit Blumen und Schleifen verziert, die mir dann gleich als Geburtstagsgeschenk überreicht wurde. »Weil du so gern mit der Sense mähst und dich immer so abplagst mit den alten Sensen auf der Alm«, meinte er dazu. Ich war zu Tränen gerührt und freute mich riesig über dieses Geschenk.

# Almnussen und Schuxen

*Schmalzgebäck ist das typische Almgebäck. Kein Wunder – bis vor einem Jahrhundert etwa gab es auf vielen Almen noch keinen Herd und schon gar keinen mit Backrohr, sondern nur eine offene Feuerstelle. In manche Almhütte ist erst in den Jahrzehnten nach dem Krieg ein Herd eingebaut worden. Früher hat man ins offene Feuer einen Dreifuß gestellt und darauf eine Schmalzpfanne, und im Schmalz garte man die Schmalznudeln: Ausgezogene und Almnussen, Schuxen und Strauben.*

## Die besten Almnussen von Christl Vogt

FÜR DEN TEIG:

900 G MEHL (DINKELMEHL TYPE 603 ODER WEIZENMEHL TYPE 405 ODER 550)

500 G TOPFEN (WER IHN KAUFT: MAGERTOPFEN)

4 EIER

200 G ZUCKER

1 PCK. TROCKENHEFE

2 PCK. BACKPULVER

SAFT VON 1-3 ZITRONEN (NACH BELIEBEN)

3 STAMPERL SCHNAPS (6 CL)

100 ML RAPS- ODER SONNENBLU-MENÖL

50 ML MILCH

2 PRISEN SALZ

ZUM FERTIGSTELLEN:

BUTTERSCHMALZ ZUM AUSBACKEN

PUDERZUCKER ZUM BESTREUEN

**1** Alle Zutaten für den Teig in eine Rührschüssel geben und zu einem weichen Teig verrühren. Den Teig etwa 10 Minuten ruhen lassen.

**2** In einer tiefen Pfanne so viel Butterschmalz erhitzen, dass die Almnussen darin schwimmen können. Das Fett darf aber nicht zu heiß sein, damit die Almnussen nicht außen zu braun werden, während sie in der Mitte noch nicht durchgebacken sind. Am besten zunächst eine Almnuss zur Probe backen. Die richtige Temperatur bekommt man mit ein bisschen Gespür schnell heraus.

**3** Mit einem Esslöffel eine Portion Teig abstechen und ins heiße Fett gleiten lassen. Wenn sie auf einer Seite braun wird, der Almnuss einen Schubser geben, damit sie sich umdreht. Die Almnussen müssen nicht gleichmäßig rund sein, sie dürfen Spitzen und Zipfel haben, das macht eine richtige Almnuss aus.

**4** Die gebackenen Almnussen auf Küchenpapier abtropfen lassen und mit Puderzucker besieben. Warm und knusprig servieren.

▶ Das ist das beste Almnussen-Rezept, das ich kenne! Die Nussen sind außen knusprig und innen weich und locker. Herzlichen Dank an meine liebe Almbäuerin Christl Vogt, die mir erlaubt hat, ihr Hausrezept in mein Buch aufzunehmen.

▶ Almnussen sind das schnellste Schmalzgebäck, das ich kenne. Der Teig muss nicht lange gehen, man muss das Gebäck nicht formen – das Abstechen mit dem Löffel geht ganz einfach.

▶ Die Almnussen eignen sich übrigens gut zum Einfrieren. Deshalb bereite ich meistens die ganze große Menge zu, auch wenn weniger Esser da sind. Sie sind dann schnell aufgetaut und nach ein paar Minuten im heißen Backofen wieder knusprig wie frisch gebacken.

## Schuxen von meiner Schwiegermutter Katharina Fischer

| | |
|---|---|
| 500 G WEIZENDUNST (ODER WEIZENMEHL TYPE 550) | 750 G TOPFEN |
| 500 G ROGGENMEHL | 2 GESTR. EL STEINSALZ |
| 1 WÜRFEL FRISCHE HEFE (42 G) | EVTL. ETWAS MILCH |
| 1 TL HONIG | BUTTERSCHMALZ ZUM AUSBACKEN |

**1** Die beiden Mehlsorten in einer Rührschüssel mischen. Die Hefe in eine kleine Schüssel bröckeln und mit 3–4 EL lauwarmem Wasser, Honig und 1 EL Mehl glattrühren. An einem warmen Ort etwa 10 Minuten gehen lassen, bis die Hefe Blasen wirft.

**2** Den Hefeansatz und die übrigen Zutaten zum Mehl in die Schüssel geben und alles zu einem mittelfesten Hefeteig verkneten. Bei Bedarf etwas Milch zugeben. Den Teig zugedeckt an einem warmen Ort mindestens 2 Stunden gehen lassen.

**3** Aus dem Teig etwa 10 x 6 cm große Fladen auswellen, etwa ½ bis 1 cm dick. So viel Butterschmalz in einer weiten, tiefen Pfanne erhitzen, dass die Fladen darin schwimmend ausgebacken werden können. Die Fladen portionsweise ins heiße Fett geben. Kurz warten und die Schuxen mit einem Schöpflöffel mit heißem Fett begießen, bis sie sich stark nach oben wölben. Dann umdrehen und goldgelb fertig backen. Die Schuxen herausnehmen, auf Küchenpapier abtropfen lassen und heiß servieren.

▶ Zu den Schuxen isst man traditionell entweder Sauerkraut, Kompott oder auch Kartoffelsuppe. Sie schmecken aber auch gut zum Kaffee.

▶ Das Rezept habe ich von meiner Schwiegermutter Katharina Fischer bekommen, die sehr viel Wert darauf legt, dass die Schuxen ausreichend Salz ent-

halten. Denn das macht einfach eine gute Schuxen aus. Dieses Rezept hat sich bewährt – meistens bleibt keine einzige Schuxen übrig. Woher der lustige Name kommt, habe ich auch in Erfahrung gebracht: Die längliche Form erinnert nämlich an Schuhsohlen. Allerdings sollte man sie heute kleiner machen als eine Schuhsohle, sonst passen sie nicht in unsere modernen Pfannen.

Seitdem geht das Sensenmähen noch flotter, und nicht nur das: Es macht mir Freude, ich mache es gern. Wenn ich an meinen Geburtstag mit Sense denke, beflügelt mich das richtiggehend. Und irgendwie scheint mir dieses liebevoll ausgesuchte und geschmückte Geschenk, das zu Fuß zu mir heraufgetragen wurde, zusätzliche Kraft bei der Arbeit zu verleihen.

## DAS ALMTELEFON

Als neue Almerin auf einer Almstelle ist man natürlich in Windeseile im Dorf bekannt. Alle wollen wissen, wer die neue Almerin beim Rampold ist. Positives wie Negatives verbreitet sich wie ein Lauffeuer. Da braucht man weder Internet noch Buschtrommeln. Wir Almerinnen nennen es immer das »Almtelefon«: Innerhalb kürzester Zeit werden Neuigkeiten, meist über Wanderer oder eben Almbesucher, aber auch unter den Almbauern von einer Alm zur anderen getragen und die Informationen in Windeseile in alle Himmelsrichtungen verbreitet. Natürlich erfahre ich so auch die neuesten Neuigkeiten und bin immer auf dem aktuellen Stand. Überzeugte Stadtbewohner finden diese Vorstellung manchmal gruselig, dass jeder alles von einem weiß, sie sind lieber anonym. Doch zahlen sie oft einen hohen Preis dafür – viele Menschen, mit denen ich spreche, sind einsam. Natürlich haben das Ratschen und der Tratsch immer zwei Seiten, aber ich fühle mich geborgen und geschätzt, und das von allen Seiten. Und wenn es tatsächlich irgendwo nicht der Fall sein sollte – dann weiß ich es wenigstens nicht.

Mir gefällt es, dass auf der Alm alle gleich sind. Man duzt sich – es heißt immer: »Ab 1000 Metern Höhe ist man per Du« –, und jeder wird so angenommen, wie er ist. Ob jung oder alt, ob jemand viel redet oder still genießt – auf der Alm sind alle willkommen, und alle sitzen um den gleichen Tisch, es gibt ja nur einen.

Besonders freue ich mich natürlich über den Besuch der Menschen, die mir am nächsten stehen. Mein Mann kommt zwei- bis dreimal pro Woche, bringt Lebensmittel mit, Post und überrascht mich immer wieder mit Geschenken aus der Natur. Stolz präsentiert er mir manchmal einen Korb mit Weintrauben und Pfirsichen, Aprikosen und Williamsbirnen oder Tomaten in allen Formen – alles aus dem eigenen Garten, liebevoll dekoriert mit Rosen. Überreicht wird mir das Präsent mit den Worten: »…damit du auch wieder Lust hast heimzukommen.«

Er bleibt dann einen halben oder auch einen ganzen Tag, wenn er sich frei nehmen kann, unterstützt mich beim Zentrifugieren und übernimmt schon mal das Buttern, wenn es gerade ansteht. Ansonsten macht er, wonach ihm der Sinn steht. Denn oft genug kommt er spätabends nach der Arbeit auf die Alm und muss am nächsten Morgen schon um 6 Uhr wieder unten auf einer Baustelle sein. Kann er sich den Tag frei nehmen, steht er schon zeitig auf und erkundet das Almgebiet. Frühmorgens ist die Wahrscheinlichkeit, Gämsen, ein Birkhuhn oder eine ganze Auerhahnfamilie anzutreffen, sehr groß. Ich habe ihm ja während meines zweiten Almjahres die Jagdausbildung geschenkt, und im dritten Almjahr hatte er schon Gelegenheit, auf der Nachbaralm mit auf die Jagd zu gehen. Am Vormittag gehen wir dann gemeinsam zum Koimazählen, denn dabei können wir uns stundenlang unterhalten, das ist wichtig, weil wir ja sonst selten für uns alleine sind.

Wunderschöne Tage sind es auch, an denen mich meine beste Freundin Annette besucht. Außer meinem Mann ist sie die Besucherin, die den »Meistpreis« verdienen würde – für die meisten Almbesuche bei mir. Einmal in der Woche ist sie sicher bei mir heroben – aber nicht einfach zu Besuch, sondern auch sie ist mein kleiner Haus- und Hoflieferant. Ohne irgendein nützliches Mitbringsel kommt sie nie an. Vorher fragt sie per Handy nach, womit sie mir eine Freude machen kann. Obst schleppt sie kiloweise hoch, ebenso wie Gemüse und frische Kräuter aus ihrem Garten. Sie geht für mich im Naturkostladen einkaufen, wenn mir Getreide, Gewürze oder Flocken ausgegangen sind, und sie ist immer da, wenn ich sie brauche. An Sonntagen mit schönem Wetter stellt sie sich in die Küche, um das viele Geschirr abzuwaschen, zentrifugiert mir die Milch und säubert dann auch noch das Milchgeschirr. Auf der Alm ist sie für mich genauso da wie den Winter über im Tal, sie ist eine große Bereicherung meines Almlebens.

Auch für meine Katze Maunzi übrigens: Sie liebt Annette über alles, obwohl sie bei Gästen ansonsten sehr zurückhaltend ist. Sobald Annette in den Stall geht und nach ihr ruft, erscheint sie schlaftrunken oben auf dem Heuboden, gähnt und streckt und dehnt sich ausgiebig und steigt dann behände die Holzleiter in den Stall herunter. Das macht sie sonst bei keinem anderen Menschen. Normalerweise bleibt sie ganz still und leise in ihrem gemütlichen Heubett liegen und taucht erst auf, wenn sie Lust darauf hat – oder wenn der Hunger kommt. Freundinnen wie Annette sind nicht mit Gold aufzuwiegen. Es ist so schön, jemanden zu haben, auf den man sich verlassen kann und der immer für einen da ist – sogar in solch entfernten Ecken wie auf einer Alm auf 1200 Metern Höhe.

Da ich Wanderer ja nicht bewirten muss, sondern darf, wenn mir der Sinn danach steht und ich Zeit dafür habe, kann ich jederzeit meine Hütte zusperren, um mich meinen anderen Arbeiten zu widmen. Eine große Freiheit, das genieße ich sehr! Ich teile mir den Tag selber ein, so, wie es mir am besten in den Arbeitsplan passt. Für die Wanderer ist das manchmal nicht erfreulich, wenn sie auf meiner Schiefertafel lesen, dass ich jetzt erst einmal weg bin. Aber wer öfter kommt, weiß, dass ich normalerweise mittags zurück sein werde.

Auf vielen Almen ist das anders, da wird von Seiten der Almbauern auf Bewirtung großen Wert gelegt, und die Sennerinnen können sich nur in den frühen Morgen- und den Abendstunden kurz von der Alm entfernen. Das würde mein Freiheitsgefühl jedoch enorm einschränken. Viele Wanderer, die sich auf meine Alm verirren, sind denn auch irritiert, wenn sie keine festen Öffnungszeiten vorfinden. Die Anspruchshaltung ist sehr hoch – sie wollen von der Anfahrt bis zur Speisekarte alles vorab im Internet recherchieren und müssen erst einmal lernen, ein wenig spontaner zu werden. Da muss ich manchmal viel Erklärungsarbeit leisten, denn die Uhren gehen auf einer traditionellen Alm anders. Die meisten haben dann jedoch Verständnis und freuen sich sogar, dass sie eine noch wenig frequentierte Alm entdeckt haben.

# DIE UNGESCHRIEBENEN GESETZE
## FÜR ALMBESUCHER

*N*irgends steht geschrieben, wie man sich zu benehmen hat auf einer traditionellen Alm wie meiner, also auf einer, die nicht als Gastronomiebetrieb gemeldet ist. Aber es gibt ungeschriebene Gesetze, die viele Wanderer kennen und befolgen. Für alle anderen habe ich sie hier einmal zusammengestellt:

1 Die Gäste werden an den Tischen *vor* der Alm bewirtet.

2 Die Almstube ist ausschließlich der Almerin vorbehalten, es ist ja ihr einziger Wohnraum.

3 Man fragt vorher, ob man sich setzen darf.

4 Es gibt *keine* gedruckte Speisekarte – was es heute gibt, das erzähle ich mündlich.

5 Ich darf nur kalte Getränke ausschenken (Bier, Limo, Wasser) und auch die nur in Flaschen.

6 Buttermilch und Apfelsaft aus eigener Produktion werden in Bechern ausgeschenkt.

7 Kaffeeausschank ist nicht erlaubt, sonst müsste der Bauer einen Gastronomiebetrieb anmelden.

8 »Bitte« und »Danke« sind Wörter, die man auch auf der Alm gern hört. Nur: »Ich bekomme ein Bier«, wird auch hier als unhöflich empfunden.

**9** Hektik und Ungeduld bleiben im Tal. Auf der Alm sollte man Zeit mitbringen, auch wenn man bei der Sennerin etwas bestellt. Sie ist keine Biergartenbedienung und hat neben der Gästebewirtung auch noch andere, manchmal dringendere Aufgaben zu erledigen.

**10** Das Benutzen der Toilette ist nicht selbstverständlich – bitte vorher fragen.

**11** Jeder nimmt seinen eigenen Müll wieder mit ins Tal.

**12** Hunde müssen im gesamten Almgebiet angeleint werden.

**13** Die Brunnen sind für Hunde tabu, es besteht hohe Verkeimungsgefahr.

**14** In den Brunnen wäscht man sich weder die Hände noch das Gesicht. Kühe sind Feinschmecker und verschmähen das Wasser, wenn es auch nur ein kleines bisschen nach Sonnenmilch und Kosmetik schmeckt.

## WAS ICH AUF DER ALM ANBIETE

Mir ist es wichtig, dass meine Gäste zufrieden und glücklich nach Hause gehen, wenn sie bei mir gegessen und getrunken haben und gerne wieder kommen. Meine Speisekarte ist ja sehr bescheiden, und so lege ich besonderen Wert darauf, dass die wenigen Speisen, die ich anbiete, besonders gut sind und einen bleibenden Eindruck hinterlassen.

Es gibt Käsebrot, natürlich mit selbst gemachtem Käse und meinem selbst gebackenen Almbrot, dazu die 20-Gramm-Butterportionen, die ich mit meinem hübschen Edelweißmodel verziert habe, wahlweise auch Speckbrot mit

feinem niederbayerischem Bio-Geräucherten. Wenn ich vormittags zum Backen gekommen bin, ist natürlich frischer Topfenstrudel da, manchmal auch Topfenkuchen. Im Sommer, wenn die Beeren reif sind, gibt es auch mal Topfenstrudel mit Heidelbeeren – der sieht toll aus und ist besonders beliebt, vielleicht, weil so viele Zutaten enthalten sind, die hier auf dem Berg entstanden sind. Das fasziniert meine Besucher genauso wie mich: dass man so viel selber machen oder selbst sammeln kann und dass eigentlich jeder dadurch einen Schritt in Richtung Selbstversorger gehen kann. Die meisten bestellen aber meine Käseplatte, wenn sie erfahren, dass ich nur Käse aus eigener Herstellung serviere. Ich schneide dafür die verschiedenen Käse, die ich gerade vorrätig habe, in dünne Scheiben – vom Frischkäse bis zum Natur-Schnittkäse mit Pfeffer, Kräutern oder Bockshornklee. Außerdem kommt eine Portion Kräutertopfen auf die Käseplatte, frischer Butter und natürlich mein selbst gebackenes Brot. Den Frischkäse verziere ich gern mit essbaren Blüten, verschiedenen Kräutern oder rosa Pfefferbeeren, und wenn ich noch Gemüse aus dem Tal vorrätig habe, kommen Gurken- und Tomatenscheiben dazu. Vor der Almzeit, im Frühjahr, bereite ich aus Bärlauch einige Gläser Pesto zu. Davon gebe ich auch noch etwas zum Frischkäse – das ist eine Kombination, die ich selbst sehr gern mag. Mir ist es wichtig, dass ich keine Massenabfertigung betreibe. Ich versuche, jedes einzelne Brotzeitbrettl mit Sorgfalt und Liebe herzurichten, aber dafür müssen die Wanderer, wenn viel los ist, auch etwas Geduld aufbringen. Umso mehr freue ich mich dann, wenn die Gäste beim Anblick der Brotzeit sichtlich überrascht sind, weil sie nur ein einfaches Käsebrot erwartet haben.

Weil ich keinen Kaffee ausschenken darf, verwöhne ich meine Besucher mit selbst gemachten Getränken, denn solange etwas selbst hergestellt ist, darf ich es servieren. So gibt es bei mir selbst gepressten Apfelsaft aus unseren eigenen Äpfeln, ebenso wie Hollersirup, den ich jedes Jahr in großen Mengen selbst ansetze. Das ist nicht viel Arbeit – außer, dass ich eben Holunderblüten pflücken muss, was ich aber sowieso sehr gern mache –, und mir ist es eine große Freude, wenn die Gäste die selbst hergestellten Köstlichkeiten zu schätzen wissen.

# Kräutertopfen

1 KG TOPFEN (SELBST GEMACHT ODER GEKAUFT; WENN GEKAUFT, DANN HALBFETT: 20 %)

ETWAS RAHM ODER BUTTERMILCH

2-3 KNOBLAUCHZEHEN

1-2 HANDVOLL KRÄUTER

1 MSP. SCHABZIGERKLEE

SALZ, PFEFFER, ZITRONENSAFT

ROSA PFEFFERBEEREN NACH BELIEBEN

1   Den Topfen mit so viel Rahm oder Buttermilch verrühren, dass eine weiche, aber noch standfeste Masse entsteht.

2   Knoblauch schälen und durchpressen oder fein hacken. Die Kräuter säubern und ebenfalls fein hacken. Knoblauch, Kräuter und Schabzigerklee unter den Topfen rühren.

3   Den Kräutertopfen mit Salz, Pfeffer und Zitronensaft abschmecken, nach Belieben mit zerdrückten rosa Pfefferbeeren verzieren.

➤   An Kräutern mische ich alles, was ich gerade um die Alm herum finde: etwa Quendel (Bergthymian), Gelb- und Rotklee, Spitzwegerich, Schafgarbe, junge Löwenzahn- und Schafgarbenblätter. Außerdem versuche ich immer, ein paar bunte, essbare Blütenblätter unterzumischen, damit mein Kräutertopfen möglichst schön aussieht. Neben Rotklee- und Quendelblüten gibt es im Frühsommer Löwenzahnblüten und in der ganzen Saison Ringelblumen-, Schnittlauch- und Borretschblüten aus meinem Kräuterbeet vor der Almhütte.

▶ Diesen festeren Kräutertopfen forme ich mit einem Esslöffel zu einer Kugel und lege ihn auf das Brotzeitbrettl, zusammen mit Schnittkäse und – wenn gewünscht – Geräuchertem und Butter. Man kann den Kräutertopfen aber auch zu gekochten Kartoffeln, zu Ofenkartoffeln oder gegrilltem Gemüse wie Zucchini, Auberginen, Tomaten, Paprikaschoten essen, dann rühre ich etwas mehr Flüssigkeit unter, damit er schön cremig wird.

## SCHNAPS UND DER TIEFERE SINN DAHINTER

Rituale gehören natürlich zu jeder Alm. Eines davon ist das »Schnapseln«. Schnaps wird ja meist sehr verteufelt, und viele wittern sofort Alkoholmissbrauch, wenn sie eine Batterie Schnapsflaschen stehen sehen, wie sie in wohl jeder Almhütte vorhanden ist. Auch bei mir auf der Alm hat guter Schnaps seinen würdigen Platz.

Mein Lieblingsschnaps wird aus der Fraubirne gewonnen. Das ist eine sehr alte Birnensorte, die seit Jahrhunderten vornehmlich zum Schnapsbrennen verwendet wird. Ich beziehe meinen Birnenschnaps vom hiesigen Obstbrenner, dem Unker Lorenz. Er versteht sein Handwerk und destilliert seinen Birnenschnaps mit viel Erfahrung und Gespür, was man am Brenngut auch schmeckt. Einen Schnaps trinke ich gerne mit Leuten, mit denen ich mich gut verstehe. Ein Schnapserl gibt es bei einem guten Gespräch, in einer fröhlichen Tischrunde oder als Dank für einen erwiesenen Dienst. Dann stoßen wir auf das Wohl des anderen an. Verkauft wird bei mir der Schnaps nur gelegentlich. Für mich ist er ein Dankeschön an einen oder mehrere bestimmte Menschen.

Wenn ich mit der Bauernfamilie zusammengearbeitet habe, setzen wir uns im Anschluss noch um den Tisch und stoßen auf unser Wohl an. Es gehört einfach dazu, sich nochmals kurz auszutauschen und dabei den guten Tropfen zu genießen. Ich entwickle mich auf der Alm zur Schnapsliebhaberin, stelle ich fest, und probiere gerne verschiedene Sorten aus. Am Geruch eines guten Schnapses kann man schon die Obstsorte erahnen und freut sich dann auf den ersten Schluck. Für mich ist das ein Stück Lebensqualität, das ich von der Alm mit nach Hause nehme.

## ALMERINNENTREFFEN – IN BESTER GESELLSCHAFT

Sehr wichtig ist mir auch der gute Kontakt zu den Nachbaralmen und den Almerinnen und Almern, die dort wirtschaften. Man ist sehr eng verbunden, hilft sich im Notfall und trifft sich regelmäßig – nicht nur zufällig auf dem Weg. Sondern wir vereinbaren gemeinsame Treffen zum Essen und zum Ratschen, etwa alle zwei oder drei Wochen. Dabei geht es reihum, sodass jede und jeder einmal dran ist. Alle werden dann von der jeweiligen Sennerin in ihrer Alm bekocht und bewirtet. Ich musste mich schon auf den Arm nehmen lassen, weil alle natürlich wissen, dass ich mir kaum einmal etwas koche, sondern vor allem von Topfen, Brot und Müsli lebe. »Die Martina muss dann auch mal was Warmes kochen – mal sehen, ob die das überhaupt kann«, hieß es.

Das will ich natürlich nicht auf mir sitzen lassen – da packt mich der Ehrgeiz richtig groß aufzukochen. Oft gibt es bei mir dann einen Rehbraten mit Schupfnudeln und Wildkräutersalat, weil das eins meiner Lieblingsgerichte ist. Und zur Nachspeise Almschmarrn nach dem Rezept vom Kogler Wast. Seit dem ersten gemeinsamen Essen bei mir stellt keiner mehr in Frage, ob ich wirklich kochen kann.

Einmal trafen wir uns bei mir auf der Alm zum Weißwurstfrühstück. Ein benachbarter Almerer, der Franz, hatte mit seinem geländegängigen Fahrzeug vom Metzger im Tal frische Weißwürste geholt, dazu Brezen vom Bäcker – eine Delikatesse. Zu Besuch war auch die Nachbaralmerin Maria mit ihrem Hütehund. Nun passierte aber nicht, was alle denken. Für die Würste interessierte sich der Hund weniger. Ich hatte aber einen Topfenkuchen gebacken, der auf einem Stuhl in der Küche zum Auskühlen stand, während wir draußen unsere Weißwürste verzehrten. Leider viel zu spät bemerkten wir, wie sehr der warme Topfenkuchen dem Hund geschmeckt hatte. Viel war nicht mehr übrig.

## AUSFLUG AUF DIE NACHBARALM

Eine liebe Freundin ist Sabine Müller, die seit einigen Jahren die Durhamer Alm oberhalb von Fischbachau bewirtschaftet, ungefähr anderthalb Stunden zu Fuß von mir entfernt. Wenn das Wetter trüb ist oder es regnet, mache ich gelegentlich einen Ausflug zu ihr. Sind die Kühe versorgt, packe ich den Rucksack, ziehe Regenhose und Regenjacke an und marschiere mit meinem Almstock zur Sabine. Bei einem solchen Wetter kommen kaum Gäste, und die Almpflege vertage ich auf die Sonnentage. Es ist schön, alleine im Regen über

die Gipfel zu gehen. Zuerst hinauf auf die Rampoldplatte, dann wieder ein Stückchen bergab auf den Gratweg, die Lechnerschneid, zur Hochsalwand. Dann geht es den kleinen Steig leicht hinab zur Reindleralm. Hier beobachte ich bei diesem »schlechten« Wetter ganz oft ein großes Rudel Gämsen. Sie grasen friedlich und fühlen sich ungestört – jetzt sind keine lauten Wandergruppen unterwegs. Nebelschwaden fallen immer mal wieder ganz plötzlich ein, sodass ich kurzfristig weder die Gipfel rundum noch den Weg weiter als ein paar Meter vor mir sehe. Aber ich weiß, wo ich gehen muss, und die Nebelschwaden verschwinden meist genauso schnell, wie sie gekommen sind.

Eine wundersame Stimmung schaffen sie aber – man erfährt die vertraute Umgebung ganz neu, alles sieht anders aus. Ich liebe dieses Naturschauspiel. Mein Herz hüpft vor Freude, und ich denke daran, dass die meisten Menschen niemals bei einem solchen »Sauwetter« vor die Türe gehen würden. Meist können sie sich auch nicht vorstellen, wie schön es ist, bei schlechtem Wetter über die Almen zu wandern. Und ich darf hier ganz alleine sein, die Regentropfen auf meinem Gesicht spüren und genüsslich der Alm entgegengehen. Meine Regenkleidung und die Bergschuhe halten mich trocken und warm, sodass es mir nichts ausmacht, über zwei Stunden einfach dahinzumarschieren.

Sobald Sabines Alm am Ende des Wegs auftaucht, hole ich mein Flügelhorn heraus und spiele ihr, schon aus einiger Entfernung, zur Begrüßung eine Weise.

Oft ist auch ihr Mann Axel zu Besuch, Instrumentenbauer für Blechblasinstrumente und begnadeter Flügelhornist. Es gehört zu den schönsten Momenten des Besuchs, wenn wir gemeinsam einige Weisen spielen – faszinierend, wie die Klangfarbe der Instrumente auf jeder Alm anders ist. Auch feuchtes Wetter verleiht den Tönen einen volleren und klareren Klang. Solche Begebenheiten klingen lang in mir nach, und sie erfüllen mich mit großer Dankbarkeit – vor allem meinem Vater gegenüber, der so viel Wert auf unsere musikalische Ausbildung legte.

In der gemütlichen Stube von Sabine und Axel wärme ich mich bei selbstgemachtem Bergkräutertee und Kuchen auf. Nach einem langen Ratsch mache ich mich wieder auf den Heimweg, um rechtzeitig zur Stallarbeit auf meiner Alm zu sein.

# Almabtrieb

Almabtrieb – der große Tag, an dem nach wenigen Stunden der ganze Almsommer jäh zu Ende ist. Diesem Tag gehen wochenlange Vorbereitungen voraus, wenn der Abtrieb der Tiere von der Alm traditionell begangen wird. Festlich geschmückt zieht das Vieh von der Sommerweide den Weg hinunter ins
Tal, zurück in den heimatlichen Stall, wo es den Winter verbringen wird.
Begleitet werden die Tiere von der ebenfalls festlich gekleideten Sennerin, der
Familie der Almbauern samt einigen Nachbarn. Denn der Tag des Almabtriebs
gehört zu den ganz besonderen im Jahreslauf, an denen niemand fehlen möchte, und außerdem werden natürlich viele helfende Hände gebraucht.

Der Tag, an dem das Weidevieh die Alm verlässt, steht nicht von vornherein
fest. Meist findet der Almabtrieb an einem Samstag statt, um den Michaelitag
herum. Das ist der 29. September, der Namenstag des in Bayern hochverehrten
heiligen Michael. Der hat mit dem Almabtrieb aber außer dem Datum nichts zu
tun – der Michaelitag ist seit alters ein Lostag. An solchen Tagen hat man früher
das Wetter und alles, was sonst noch passiert ist, genau beobachtet, und dann auf
das Wetter der nächsten Tage, Wochen oder Monate geschlossen. Der Michaelitag
ist aber auch deshalb ein wichtiger Tag im Bauernjahr, weil an ihm traditionell die
Arbeit draußen zu Ende geht und die Winterarbeit drinnen beginnt. Nur logisch
also, dass um diesen Termin herum auch das Vieh wieder in den Stall wandert. An
einem Samstag haben auch die Familienmitglieder Zeit, die berufstätig sind, und
so bereitet sich alles auf den großen Tag vor. Nur, wenn es witterungsbedingt

nicht mehr möglich ist, die Tiere so lange auf der Alm zu halten, dann wird früher abgetrieben: Wenn etwa in extrem trockenen Jahren auf manchen Almen kein Wasser mehr vorhanden ist oder wenn es einen sehr frühen Schnee- und Kälteeinbruch gibt. Das ist aber bei uns Gott sei dank noch nie passiert.

Dem Almabtrieb gehen einige arbeitsreiche Wochen voraus. Ist die Almzeit unfallfrei geblieben und keines der Tiere tödlich verunglückt und hat es auch in der Bauernfamilie keinen Todesfall gegeben, wird zum Abtrieb »aufgekranzt«. Aufkranzen bedeutet, dass das Vieh für den Almabtrieb geschmückt wird: mit Girlanden, Blumenkronen und Kreuzen. Den gesamten Schmuck, den die Tiere beim Almabtrieb tragen, fertigt die Sennerin über viele Wochen am Ende der Almzeit an. Dabei verwendet sie traditionell Almrausch und Latschenkiefer, Silberdisteln und Seidenpapierblumen.

Der Hintergrund dieses aufwendigen Schmucks ist vielfältig. Zum einen zeigt er natürlich die Bedeutung dieses Tages an – und wo der Mensch sich festlich kleidet, sollen auch die Tiere herausgeputzt werden. Dahinter steckt aber auch der uralte Volksglaube, von Hexen und Dämonen umgeben zu sein, die es zu überlisten gilt. Die bösen Geister, glaubte man, seien im Freien unterwegs und immer bestrebt, den Menschen zu schaden und sich des Viehs zu bemächtigen. Die Hexen insbesondere, die mit dem »bösen Blick«, hatten es auf die Tiere abgesehen, würden sie behexen und verzaubern. Im heimatlichen Stall wie auf der Alm waren sie sicher und geschützt. Doch der Weg von oben nach unten war gefährlich, und man musste Vorsichtsmaßnahmen treffen. Deshalb stattete man die Tiere mit Larven aus Leder und Stoff aus, man »versteck-

te« sie sozusagen, damit sie für die Hexen unkenntlich waren. Diese Masken trugen das christliche Kreuz oder das IHS-Symbol, das Monogramm Jesu, als Abwehrzeichen und zugleich als Ausdruck der Bitte um Schutz aus dem Himmel. Ganz oft taucht auch die Farbe Rot auf, die ebenfalls als alte Farbe zur Dämonenabwehr gilt. Die kunstvollen Aufstecker, die wir anfertigen, maskieren die

Tiere zusätzlich. In den Aufsteckern und auf den Larven sind teilweise Spiegel angebracht: Darin sollten sich die grausigen Hexen, wenn sie sich dem Vieh näherten, selber gespiegelt sehen und vor Schreck davonlaufen. Auch die großen Glocken, die die Tiere beim Almabtrieb tragen, künden mit ihren dumpfen, tiefen Tönen von der wandernden Herde und sollen gleichzeitig die Hexen und bösen Geister verscheuchen.

Ich schätze mich glücklich, dass ich ein Teil dieser bäuerlichen Gesellschaft bin und in diesen Traditionen leben darf – ich muss es nicht. Der Bauer erwartet von mir nicht, dass ich diese anstrengende und aufwendige Arbeit des Aufkranzens ganz selbstverständlich übernehme. Aber ich möchte das selber. Ich feiere den Abschluss eines glücklichen Almjahres und zeige damit meine Dankbarkeit, freue mich, dass ich meine Tiere, die mir so ans Herz gewachsen sind, noch einmal schön herrichten darf, dass kein Unglück passiert ist und ich mit meiner Herde ins Dorf einziehen darf. Das ist ein erhebender Augenblick, ich kann es nicht anders sagen. Ich trage auch gern dazu bei, dass dieses Brauchtum nicht ausstirbt, denn ich finde, Bräuche müssen ja leben und immer wieder mit Leben gefüllt werden, sonst haben sie keine Chance, erhalten zu bleiben, sonst sind sie dem Untergang geweiht. Und der Brauch des festlichen Almabtriebs, mit allem, was damit verbunden ist, den finde ich so schön, dass ich ihn gern weitertrage.

Damit verbunden ist Wochen vor dem Almabtrieb aber erst einmal viel Arbeit, sehr viel Arbeit. Für einen großen Teil der Kühe und Kälber stelle ich schöne Aufstecker her, die dann mittels einer Halterung am Kopf der Tiere befestigt werden.

Schon zeitig im August beginne ich mit dem Binden von Seidenpapierrosetten. Meine Bäuerin Christl hat mir Papier in allen möglichen Farben besorgt, denn ich brauche viele Papierrosetten: einige Hundert werde ich bis Ende September anfertigen. In der Zeit ist es riskant für meine Familie und meine Freunde, wenn sie mich auf der Alm besuchen: Alle werden gnadenlos zum

Helfen eingespannt. Nach kurzer Zeit kann ein jeder Rosetten basteln, und manche kommen sogar freiwillig am Wochenende zu Besuch, auf einen gemütlichen Bastelnachmittag. Darüber bin ich natürlich sehr froh, denn allein würde ich das nur mit Mühe hinbekommen – meine eigentliche Arbeit muss ja auch noch getan werden.

Etwa eine Woche vor dem Abtrieb sind die Röserl fertig. Dann wird es ernst, ich beginne mit dem Binden der Aufstecker. Dazu benötige ich sehr viel Almrausch – das ist die Alpenrose, die im Sommer so schön pinkfarben blüht. Für die Aufstecker verwendet man deren grüne Zweige. Sie werden, wie beim Adventskranzbinden, in kleine Zweigstücke geschnitten und um ein Gerüst herumgebunden. Mit Baumschere und einem großen Sack ausgerüstet marschiere ich zu den Hängen vor der Alm, wo der Almrausch an manchen Stellen in großen Stauden wächst. Beim Schwenden des angeflogenen Almrauschs achtet jede Sennerin natürlich darauf, dass die großen Almrauschstöcke bestehen bleiben – denn jede braucht schließlich reichlich Grün zum Binden für den Almabtrieb. Aber jede Sennerin weiß auch, dass sie nur so viel Almrausch schneiden darf, dass der Bestand nicht in Gefahr ist. Außerdem bringe ich noch einige schöne große Latschenzweige mit. Denn die eherne Regel fürs Aufkranzen lautet: Verwendet wird nur, was auf der Alm wächst – Papierrosetten einmal ausgenommen.

Aus dem Wald holen wir kleine Fichtenstämmchen, die ohnehin geschwendet werden müssen. Daraus wird das Grundgerüst der verschiedenen Objekte geformt. Für meine Lieblingskuh Gesa möchte ich unbedingt eine zweistöckige Krone machen, wie ich sie schon oft bei Almabtrieben gesehen habe.

Zum Glück wusste ich vorher nicht, welchen Arbeitsaufwand das Anfertigen einer solchen Krone bedeutet. Bei dem Grundgerüst hilft mir ein Almerer vom Lärchkogel, den ich bei der großen alljährlichen Hauptalmbegehung kennengelernt habe und der mich spontan besucht. Völlig durchnässt vom langen Fußweg im Regen steht er abends zur Stallzeit vor meiner Hütte. Das schlechte Wetter hat ihn nicht davon abgehalten, zu mir hinaufzusteigen.

Am Abend zeigt er mir das Binden dieser Krone. Wichtig ist, dass sie beweglich bleibt, weil die Kühe beim Abtrieb nicht gerade vorsichtig mit ihrem Kopfschmuck umgehen. Wenn sie mal links und mal rechts eine Abkürzung durchs Unterholz nehmen, hilft nur noch ein kurzes Stoßgebet gen Himmel und die Hoffnung, dass die Krone das einigermaßen übersteht. Stabil, aber flexibel ist die Devise, sonst geht das Kunstwerk nach den ersten Hundert Metern schon zu Bruch. Für das Grundgerüst biegt man die äußeren Enden des Fichtenbäumchens nach innen und bindet sie fest. Wenn man das bei allen »Stockwerken« der Zweige rundherum macht, erhält man eine mehrstöckige Krone. Die Fichtenzweige werden nun vollständig mit Almrauschgrün umwunden – allein dafür benötige ich schließlich über acht Stunden. Nur um den Almrausch anzubringen! Es ist eine schöne, meditative Arbeit, die einen aber auch auf eine harte Geduldsprobe stellt.

Für meine zweite Kuh Sarah binde ich das Almrauschkreuz, das traditionell nicht fehlen darf beim Almschmuck. Es wird mit roten und weißen Rosetten

und mit Silberdisteln dekoriert. Meistens binde ich drei aufwendigere Figuren für die Kühe. Die Latschenkiefern werden mit Blumen und Bändern verziert, für einige der großen Kalbinnen. Auch die zehn Kälber bekommen einen Gesichtsschmuck. Mit Hilfe der dicken Schnüre, die von den gebundenen Heuballen übrig sind, binde ich meterweise den Almrausch zu Strängen. Diese werden wie ein Halfter an den Köpfen der Kälber angebracht. Mit vielen Seidenpapierblumen und einer Silberdistel verziert sehen die grünen Almrauschgirlanden so sehr schön aus – der Lohn für die viele Arbeit. Für den Almabtrieb habe ich mit Hilfe von Freunden insgesamt über 40 laufende Meter Almrausch gebunden.

Am Ende überwiegt das befriedigende Gefühl, dass es mir gelungen ist, einen würdigen Schmuck für meine Tiere anzufertigen. Jetzt bin ich richtig stolz, dass ich die über vier Monate Almzeit mit all ihren Anforderungen gut geschafft habe. Wenn ich es recht überlege, mache ich diese Aufstecker eigentlich vor allem für meine Bauernfamilie, als Dank für die gute Zusammenarbeit. Denn beim Almabtrieb selbst stehen nur sehr wenige Menschen am Wegrand. Unsere Abtriebe von den Almen hier werden nicht als Massenveranstaltungen zelebriert, wie es andernorts der Fall ist. Im Ort selbst macht die Herde mit ihren schönen lauten Glocken aber sofort auf sich aufmerksam.

# MAGISCHE SILBERDISTEL

*D*ie Silberdistel gilt seit uralter Zeit als magisch, und sie ist eine der wenigen Pflanzen, die im Herbst noch auf der Alm blühen. Deshalb ist die schöne, große silberne Distelblüte nicht wegzudenken aus dem Aufkranzschmuck beim Almabtrieb. Ihr anderer Name lautet Eberwurz, nicht nur wegen ihres sehr strengen Geruchs – sie soll einen auch stark machen wie einen Eber. Früher hat man sie auch gegen Unfruchtbarkeit beim Mann angewendet – das sollte man auf eigene Faust jedoch besser nicht versuchen!

Im Kopfschmuck des Almviehs ist die Silberdistel aus unterschiedlichen Gründen von Bedeutung: Sie sieht schön aus, soll dem Vieh übernatürliche Kräfte verleihen und durch ihre Stacheln das Böse abwehren. Die Silberdistel aus dem Kopfschmuck der Leitkuh wurde früher gern an die Stalltür genagelt. Sie hatte das Tier schließlich auf dem Weg ins Tal vor Schaden bewahrt und sich damit als abwehrmagische Pflanze bewährt. An der Eingangstür sollte sich das Böse an den Stacheln der Disteln aufspießen und so keinen Schaden anrichten können, weder im Stall noch sonst auf dem Hof.

Auch als Wetteranzeiger dient die Silberdistel bis heute, nicht umsonst nennt man sie auch »Wetterdistel«: Bei feuchter Luft und heranziehendem Regen schließen sich die äußeren Hüllblätter fest um die inneren Röhrenblüten und schützen diese so gegen Regen. Haben Bergsteiger darauf ein Auge, kann sie die Pflanze rechtzeitig warnen, sich einen Unterstand zu suchen oder schneller ins Tal zu gehen, selbst wenn die Regenwolken noch nicht am Himmel zu sehen sind.

Der Tag des Almabtriebs ist sehr aufregend. Morgens nach dem Melken kommt die Bauernfamilie mit mehreren Helfern hinauf auf die Alm. Wir treiben das gesamte Vieh, auch die Kalbinnen, zur Alm und zählen es nochmals durch. Dann setzen wir uns zum Abschied zusammen, machen Brotzeit und stoßen auf den erfolgreichen Almsommer an. Ich trage mein Dirndlgwand, und jeder männliche Helfer bekommt von mir ein kleines Almgesteck für seinen Hut. Diese kleinen Gebinde habe ich am Vortag noch aus ein wenig Almrausch und einem Papierröserl angefertigt.

Die Kälber werden gleich im Stall geschmückt. Die Kühe bekommen ihre großen Aufstecker draußen vor der Alm angelegt, da sie sonst mit ihren Köpfen nicht mehr durch die Stalltür passen würden. Dafür werden sie am Holzzaun vor der Hütte kurz angehängt. Meist lassen die Kühe diese Prozedur seelenruhig über sich ergehen. Sie wissen und spüren, dass es jetzt nach Hause geht, und ich finde, man merkt es den geschmückten Rindern an, dass sie stolz sind, den Schmuck tragen zu dürfen – besser gesagt, die meisten. Einige, vor allem diejenigen, die den Kopfschmuck das erste Mal aufgesetzt bekommen, versuchen sogleich, sich seiner auf den ersten Metern wieder zu entledigen. Gelingt ihnen das nicht, geben sie aber schnell auf und tragen den Schmuck dann meist geduldig bis ins Tal.

## WENN ES BEIM ALMABTRIEB REGNET

Das Wetter ist natürlich ein entscheidender Faktor dafür, ob der Almabtrieb schön und ein erhebendes Erlebnis ist oder das Gegenteil. Nach meinem ersten Almsommer konnten wir ja leider nicht aufkranzen, weil eine der Kühe abgestürzt war. Im zweiten Almsommer hatten wir wunderschönes Wetter beim Abtrieb, und von diesem wunderbaren Tag zehre ich noch heute. Am Tag des Almabtriebs im dritten Sommer auf der Rampoldalm goss es in Strömen, dazu kamen Wind, Kälte und Nebel. Beim Zusammentreiben der Tiere musste ich mich schon mehrfach umziehen, weil ich bis auf die Unterwäsche durchnässt war, und entschloss mich dann, zum Abtrieb ausnahmsweise kein Dirndlgwand anzuziehen. Die Aufstecker und die Kränze für die Kälber fotografierte ich noch, solange sie im Trockenen lagen, um wenigstens noch eine kleine Erinnerung an die Arbeit der vielen Wochen zu behalten. Denn eines war klar: Beim

Abtrieb würden durch den Regen die Seidenpapierblumen innerhalb kürzester Zeit buchstäblich zerfließen. Und so marschierten wir los. Nach wenigen Minuten lösten sich die Papierblumen auf – es war so traurig, meine stundenlange Arbeit im wahrsten Sinne des Wortes zerrinnen zu sehen. Und doch musste ich beim Anblick meiner Kalbin Cappuccino laut loslachen. Geschmückt mit Latschenzweig, Blumen und Bändern in den Farben Rot und Gelb trabte sie durch den Regen, die Farben aus dem Seidenpapier hatten sich längst gelöst und liefen ihr übers Gesicht – was ihr, der ganz besonders Hübschen mit Blaubelgiereinschlag und spitzen Hörnern, das Aussehen eines mittelgroßen Almteufels

verlieh. Ihre Bocksprünge, die sie immer wieder einlegte, taten ein Übriges. Aber auch einen so verregneten Almabtrieb muss man einmal erlebt haben, und den armseligen Anblick des Almschmucks bei der Ankunft im Tal versuchte ich mit Humor zu nehmen.

Das Aufkranzen und der Weg nach unten gehören zu den schönsten und wichtigsten Erinnerungen der Almsommer – idealerweise scheint dann auch noch die Sonne, wie im zweiten Almjahr. Es macht mich glücklich, wenn die Tiere meinen Rufen folgen und mit mir gemeinsam ins Tal gehen. Natürlich freuen sich die Kühe auf das Nachhausekommen. Sie wissen, dass es im Stall wieder ausreichend Futter gibt und sie nicht stundenlang grasen müssen, um den Magen voll zu bekommen. Vor allem im Herbst sind die Almweiden schon sehr abgegrast und trocken. Da Kühe Feinschmecker sind, begnügen sie sich nur ungern mit dem herbstlich mageren Bewuchs auf den kargen Böden.

## MEINE KÜHE GEHEN OHNE MICH NACH HAUSE

Der Almgarten vor der Hütte, der als Kräutergarten und zur Gewinnung des Almheus dient, ist nicht umsonst gut eingezäunt. Er wird, wie bereits berichtet, im Sommer, meist Anfang Juli, einmal gemäht, das Heu lagert man dann für den nächsten Sommer in der Alm.

Der Zaun bleibt aber stehen, damit bis zum Ende der Almsaison das Gras wieder reichlich nachwachsen kann und nicht vor der Zeit abgeweidet wird. In den letzten Wochen vor dem Almabtrieb dürfen die Milchkühe morgens und abends für etwa eine Stunde im Almgarten das frische Gras fressen. Dadurch halten sie ihr Gewicht, und die Milchleistung verbessert sich deutlich, wenn die Kühe am Ende der Almzeit das gute Gras im Almgarten bekommen. Eine Milchkuh ist meist trächtig und hat durch das Melken einen höheren Grundumsatz. Es ist wichtig, dass sie auch im Herbst, bei der kargen Weide, nicht zu stark abnimmt.

Ich muss dafür sorgen, dass sie immer nur ein kleines Stück abgrasen und die Weide bis zum letzten Tag ausreicht. Im ersten Sommer hatte ich das noch nicht so im Griff, und die Weide war schon ein paar Tage früher komplett bis auf den letzten Grashalm abgefressen.

Zwei Tage vor dem geplanten Abtrieb fiel mir am Vormittag auf, dass meine Milchkühe nicht wie gewohnt bei der Herde waren. Instinktiv ahnte ich sofort, was los war. Ich ging den Fahrweg hinunter bis zum Zaun und sah, dass der Zaun durchbrochen war. Sofort lief ich die Straße talwärts und entdeckte schon die ersten frischen Kuhfladen. Jetzt war ich mir sicher: Die Kühe sind bereits auf dem Weg nach Hause. In dem Moment brach sich die Enttäuschung Bahn, und mir liefen die Tränen übers Gesicht. Wie hatte ich mich auf den Almabtrieb gefreut, mit meinen Kühen, die mir so ans Herz gewachsen waren, und der gesamten Herde heimgehen zu dürfen. Und nun spazierten sie einfach ohne mich nach unten. Ich lief und lief, bis ich an der untersten bewirtschafteten Alm ankam. Die Wirtin stand schon vor der Tür und winkte mich herbei – sie berichtete mir, was ich bereits wusste: Meine Kühe waren gerade bei ihr vorbeigekommen. Ein Stück weiter befindet sich ein Gitterrost, den keine Kuh freiwillig überquert. Davor standen sie nun, die beiden, und schauten mich mit ihren großen Kulleraugen fragend an. Ich rief per Handy meine Bäuerin an, die ebenfalls schon informiert war und mir entgegenging. So konnte ich doch noch mit meinen beiden Kühen alleine ins Tal marschieren, allerdings weniger festlich, als ich mir das ausgemalt hatte. Diese Zeit war mir sehr wichtig, um mich von den Tieren verabschieden zu können. Sie gingen so zufrieden und bestimmt neben mir her, und sie wussten genau, dass es am Hof frisches Gras und Heu in rauen Mengen gab. Diesen kurzen gemeinsamen Weg werde ich nie vergessen. Sie hätten, denke ich, auch ganz alleine zurückgefunden. Wir wanderten schweigend eine halbe Stunde bis zum Talparkplatz, wo mir Christl entgegenkam. Dann, am Hof angekommen, wartete schon Usch, die Großmutter. Sie lachte mich an und sagte liebevoll: »Na, na! Das sind mir so Sennerinnen, ohne Schnaps und ohne Dirndlgwand!«

Beim Almabtrieb ist es Brauch, dass die Sennerin ein Dirndlgwand anzieht und in der Rocktasche einen guten Schnaps mitträgt. Meinen Almstock habe ich zur Feier des Tages mit einem schön verzierten Almrauschbüschel geschmückt. Jeder vorbeikommende Wanderer und im Ort die wartenden Anwohner bekommen einen Schluck Schnaps als Dankeschön. Am Hof angekommen wird die Herde auf eine frische Weide gebracht. Völlig erschöpft, aber zufrieden machen sie sich gleich über das frische Gras her und legen sich dann zum Ausruhen hin. Der Abtrieb dauert insgesamt etwa zwei Stunden und ist auch für das Vieh sehr aufregend. Sobald die Tiere versorgt sind, bekommen alle Beteiligten von der Bäuerin eine stärkende Brotzeit, und man unterhält sich noch einmal ausführlich über das Almjahr und den Abtrieb.

Das Zusammensitzen im Anschluss gehört dazu – so kann auch ich die leise Wehmut über das Ende des Sommers leichter verarbeiten. Es ist ein sehr emotionaler Tag, dieser letzte Tag des Almsommers, und hier fühle ich mich unendlich geborgen und geschätzt.

Zum Schluss werden die Tiere von den Aufsteckern befreit, und dann dürfen sie in die Ställe. Dabei ist nun wieder jede Hand gefragt. Es dauert seine Zeit, bis jedes der über 50 Tiere an seinem Platz steht, noch dazu, wo sie die vergangenen Monate in totaler Freiheit verbracht haben. Die Glocken werden abgenommen, und die Tiere können sich nun satt fressen und erholen.

Dann gehe ich mit meinem Mann wieder zurück auf die Alm, und wir besprechen noch einmal den aufregenden Tag. Vor der Hütte setzen wir uns auf die Bank und genießen die letzten Stunden des Tages bei einem Glas Wein. Jetzt ist es wirklich still hier oben. Keine Glocken mehr, die mit ihren unterschiedlichen Tönen von allen Seiten zu hören sind. Nein, jetzt herrscht nur Stille. Unheimlich ruhig, leer und einsam. Wahrscheinlich muss das so sein, sonst würde keine Sennerin freiwillig nach Hause gehen. Es muss ein Gefühl der Einsamkeit entstehen, damit Sehnsucht nach den Menschen im Tal, nach Geselligkeit, Lachen und Musik aufkommt.

Ich bleibe meist noch einige Tage auf der Alm, um den Stall zu putzen und meine Sachen zu packen. Dann begebe ich mich auf eine Abschiedstour zu den Nachbaralmen, wo die Almerinnen auch schon im Aufbruch begriffen sind. Nun weiß ich, dass es Zeit ist zu fahren. Mein Mann holt mich ab, wir verabschieden uns im Tal noch bei der Bauernfamilie und fahren nach Hause.

# Wieder daheim

$\mathcal{E}$ndlich wieder daheim! Ich komme mir vor wie nach einer langen Reise, dabei war ich in den letzten vier Monaten nur ein paar Kilometer Luftlinie entfernt. Jetzt wieder durch die eigene Haustür zu gehen ist schon ein eigenartiges Gefühl. Die unterschiedlichsten Empfindungen wirbeln in meinem Kopf und in meinem Bauch herum. Es ist schön, sich daheim einfach fallen lassen zu können – aber ich muss das auch zulassen. Denn vom Kopf her will ich gleich weitermachen – überall sehe ich liegen gebliebene Arbeit. Der Garten ist verwildert, die viele Wäsche muss gewaschen werden, das Auto ist noch vollgepackt.

Ich versuche mich zu sammeln, zur Ruhe zu kommen und das Daheimsein zu genießen. Franz und ich wohnen in einem schönen alten Bauernhof, den wir während der letzten 20 Jahre für uns renoviert haben. Ein großer Garten, viele Obstbäume und ein alter Stadel gehören dazu. Es ist wunderschön hier, in einem kleinen Weiler abseits des Trubels. Wir sind umgeben von Wiesen und kleinen Wäldern, haben nette Nachbarn, blühende Gärten rundherum, die Berge sind zum Greifen nah, und der Simssee liegt gleich um die Ecke. Viele Menschen können nicht verstehen, dass es mich trotzdem immer wieder auf die Alm zieht.

Eine einzige, eindeutige Antwort gibt es nicht auf die Frage: »Warum gehe ich immer auf die Alm, wenn es doch zu Hause so schön ist?« Es sind verschiedene Dinge, die für mich den Reiz der Almsommer ausmachen. Ein Grund ist die Abwechslung. Das ganze Jahr würde ich auch nicht auf der Alm verbringen wollen. Ich brauche beides: Geselligkeit, Menschen um mich herum und auch sehr viele Rückzugsmöglichkeiten, das Alleinsein, um meine Batterien wieder aufzuladen.

Die üppige Vegetation hier unten erdrückt mich anfangs fast. Alle Blumen erscheinen mir so groß, so satt und prall. Die Wiesen stehen auch Ende September noch voll im Saft. Auf der Alm ist es im Herbst schon richtig karg, und meine Augen haben sich daran gewöhnt. So bekomme ich wieder einen Blick für das Geschenk, dass ich in dieser wunderbaren Gegend wohnen darf, im Chiemgau, mit dieser überbordenden Vielfalt der Natur, den alten Bauerndörfern, Obstgärten, den vielen Seen und den Bergen am Horizont. Diese Landschaft wäre nicht so vielfältig und so prächtig, wenn es nicht öfter einmal regnen würde – und doch wird ja ständig über das schlechte Wetter gejammert. Am meisten freue ich mich am Ende des Sommers darauf, dass ich die Türe hinter mir zusperren darf und sicher keine Gäste mehr anklopfen. Ich habe mich immer gefreut, wenn Wanderer kamen, aber ich konnte auch nie sicher sein, dass ich einmal einen Abend für mich haben würde.

An vieles muss ich mich daheim erst wieder gewöhnen: die Autos, die Geräuschkulisse und den immer vorhandenen Strom. In der Küche leuchtet auf Knopfdruck, ganz selbstverständlich, helles Licht. Helligkeit beim Arbeiten zu haben ist nach der Almzeit für mich ein Luxus. Auch Abwaschen unter fließendem, heißem Wasser – einfach den Wasserhahn aufdrehen und über reichlich warmes, sauberes Wasser verfügen zu können. Manchmal denke ich mir, wir wissen gar nicht mehr, wie gut es uns geht. Viele kleine Dinge, die hier im Tal so normal sind, werden mir erst jetzt wieder nach der Alm richtig bewusst. Ja – das bewusste Wahrnehmen von scheinbar alltäglichen Dingen wird durch die Zeit auf der Alm geschärft. Die ersten Wochen nach der Alm bin ich viel zu Hause, einerseits, um hier wieder Klarschiff zu machen, aber auch, um wieder anzukommen in meinem alten Leben. Und das ist gar nicht so leicht. Nach meinem ersten Almsommer wieder im Tal kämpfte ich lange mit einem Auf und Ab der Gefühle. Ich hatte mich gedanklich überhaupt nicht auf das Zurückkommen vorbereitet, denn ich dachte, mir wäre alles ja eh vertraut und ich würde einfach da weitermachen, wo ich vor der Almzeit aufgehört hatte. Niemals war da der Gedanke, dass mich die Zeit auf der Alm verändern und mich als anderen Menschen zurückkommen lassen würde. Und dieser Prozess ist noch lange nicht zu Ende. Vordergründig spürte ich vor allem starke Müdigkeit und Erschöpfung, das dringende Verlangen nach Rückzug, und ich war sehr nachdenklich.

In den letzten Tagen auf der Alm hatte ich mir noch ausgemalt, was ich daheim alles anpacken und unternehmen würde. Ich wollte mich im Herbst noch auf einigen schönen Rennradtouren auspowern und die freien Wochen vor Arbeitsbeginn so richtig genießen. Und plötzlich war da dieser Knick, den ich mir nicht erklären konnte. Mit der Zeit und in vielen Gesprächen mit meinem Mann wurde mir erst klar, was ich auf der Alm alles geleistet hatte. Über vier Monate lang, sieben Tage die Woche, ohne freien Tag, war ich täglich um 4.30 Uhr aufgestanden und hatte den ganzen langen Tag über körperlich schwer gearbeitet.

Auch wenn mir das sehr viel Spaß machte, der Körper zahlt einen hohen Tribut. Da ein gesunder Körper wie meiner sehr lange durchhält, holt er sich seine Entspannung, sobald irgendwie die Möglichkeit dazu besteht. Und das ist genau dann, wenn die Almzeit vorbei ist.

Ich stelle fest, dass sich hier bei mir ein altes Muster wiederholt. Ich liebe es, meinen Körper voll zu fordern, übersehe aber oft den Punkt, wenn er nach einer Pause verlangt. Erst wenn ich schon ziemlich erschöpft bin, gönne ich mir wieder Ruhe – oder der Körper macht einfach schlapp und fordert die Ruhe ein. Natürlich hätte ich auf der Alm auch etwas weniger leisten können, doch da kommt mein Hang zum Perfektionismus wieder durch. Ich bin kein selbstloser, sich für andere aufopfernde Typ. Nein, ich bin sehr streng und – wie mir oft gesagt wird – hart zu mir selbst. Schwach zu sein halte ich nur schwer aus. Das wurde mir erst in den Wochen nach der Alm bewusst.

Zuerst war ich sehr enttäuscht, dachte, dass die Zeit auf der Alm bei mir kein Umdenken bewirkt hätte. Doch im Lauf der Wochen merkte ich, dass ich doch sensibler geworden war und die Zeichen, die mein Körper mir sendet, besser deuten kann. Ich merke schneller, wenn mir Lärm, die ständige Radiobeschallung oder Menschenmengen zu viel werden. Ich ziehe mich dann früher zurück. Auf der anderen Seite bin ich aber präsenter im Augenblick und lasse mich auf mein Gegenüber voll ein, bin konzentrierter, fokussierter. Ich bin achtsamer geworden – mir selbst und anderen gegenüber. Nach einem oder mehreren

Almsommern ist man noch kein anderer Mensch, aber man entwickelt ein besseres Gespür für sich selbst und für andere Menschen. Und was mir nach jedem Almsommer wieder an mir auffällt, ist, dass ich alte Werte und Traditionen wieder mehr schätze als vor der Almzeit. Ich verstehe jetzt besser, wie wichtig Traditionen und Bräuche für uns sind, damit wir uns geborgen und einer Gemeinschaft zugehörig fühlen. Auf der Alm haben Traditionen noch einen hohen Stellenwert, doch hier unten im Tal ist die Welt schnelllebiger, Zeit ist Mangelware. Ich muss zugeben, dass ich manchmal auch eine tolle Radtour einem Brauchtumsfest vorziehe. Mein Wochenende ist leider auch immer zu kurz.

Was man sich nicht vormachen darf: dass man vor Problemen davonlaufen kann, indem man auf die Alm geht. Denn, wie eine befreundete Almerin einmal so schön sagte: Die Probleme warten auf dich, die sind immer noch da, wenn du wieder runterkommst. Das habe ich nach meinem ersten Almsommer gemerkt. Der Ehrgeiz, der Anspruch an mich selbst, dieses Es-immer-allen-recht-machen-Wollen, dieses Überhören der Signale des eigenen Körpers – das hatte ich ja eigentlich überwinden wollen durch die Almzeit. Es war aber alles noch da, als ich im Herbst nach Hause kam. Erst den Winter über entwickelte sich da etwas, im Nachhall sozusagen. Mein Körper und mein Geist arbeiteten in den folgenden vier Monaten die Erlebnisse der vorangegangenen vier Monate auf. Veränderungen brauchen offenbar wirklich Zeit. Ich spüre immer mehr, was mir guttut. Mir fällt auf, dass oft der Kopf und die Vernunft entscheiden und dass sie den Bauch und die Seele gar nicht zu Wort kommen lassen.

So versuchte ich jeden weiteren Almsommer ein wenig mehr in mich hineinzuspüren, trotz des großen Arbeitspensums ein paar Minuten oder gar nur Sekunden innezuhalten, mich auf mich selbst zu konzentrieren und zu überlegen, was ich mir in diesem Moment gerade Gutes tun kann. Oft reicht es mir dann, mich kurz auf den Boden oder ins Gras zu setzen, meine Anspannung im Körper wahrzunehmen und mit ein paar tiefen und bewussten Atemzügen die Spannung abzugeben. Komme ich bei vielen Gästen in Stress und habe nicht die Möglichkeit, ins Freie zu gehen, ziehe ich mich für ein paar Minuten ins Bad zurück, atme tief durch, ordne meine Gedanken und gebe mir selbst wieder ein paar gute Worte oder Gedanken. Das entspannt mich, und ich gehe mit viel mehr Gelassenheit und Freude wieder zu den Gästen zurück.

Gelernt habe ich auch, Ruhe auszuhalten und Stille zu genießen. Wir sehnen uns nach Stille, weichen ihr aber ständig aus. Vor meinem ersten Almsommer malte ich mir die Stille auf dem Berg aus, wie ich sie am Abend vor meiner Hütte oder auf dem Berggipfel sitzend genießen würde, im Sonnenuntergang, nur ich, ganz allein im Hier und Jetzt. Ich würde das Gefühl der ewigen Getriebenheit ablegen, dort oben auf dem Berg, dessen war ich mir sicher, und bewusst die Stille wahrnehmen.

Ich kann es nämlich auch ganz schwer aushalten, einfach nur dazusitzen und nichts zu tun. Ich habe immer den Drang, irgendetwas machen oder erledigen zu müssen. Auf der Alm, dachte ich mir, würde es leichter sein, meine guten Vorsätze umzusetzen. Weit gefehlt! Ich arbeitete viel, und wenn etwas freie Zeit blieb, füllte ich sie mit Tätigkeiten, die mir wichtig erschienen. Beispiel: Die Arbeit mit den Tieren – etwas, das für mich zu den schönsten Beschäftigungen auf der Alm gehört. Ich versuchte anfangs, die Stallarbeit zu straffen, besser zu organisieren, immer in dem Bestreben, freie Zeit zu gewinnen. Doch diese Rechnung ging nicht auf. Auf der Alm gibt es immer Arbeit, ich werde also nie fertig sein, da kann ich mich hetzen und beeilen, wie ich will. Nein, das machte mich nur noch unzufriedener. Mir ging dann alles zu langsam, das morgendliche Küheholen, der Käse, der nicht fest werden wollte, die Hühner, die nicht in den Stall gehen wollten – die Liste ließe sich endlos fortsetzen.

Nach einigen Wochen wurde mir bewusst, dass ich in die gleichen Verhaltensmuster verfallen war wie im Tal. Und genau dazu war ich ja angetreten, diese zu ändern. Ich versuchte, mehr Achtsamkeit in meine Tätigkeiten zu bringen. Ertappte ich mich wieder einmal dabei, dass ich drei Sachen gleichzeitig machte, atmete ich tief durch und entschied mich für das Wichtigste. Irgendeine bekannte Persönlichkeit – ich weiß nicht mehr, wer – hat einmal gesagt: »Wenn ich Zwiebeln schneide, schneide ich Zwiebeln.« An diesen Satz musste ich oft denken und lernen, mich an das zu halten, was er aussagen möchte: Sei ganz bei einer Sache, so unbedeutend sie auch scheinen mag, und tue diese Sache mit Freude. Sei nicht währenddessen in Gedanken bei einer anderen Sache, sonst wirst du nichts bewusst tun. Das kann man lernen, und daran arbeitete ich. Es ging sehr langsam, aber ich erkannte an Kleinigkeiten die Veränderung. Ich hielt häufiger inne, um mich zu sammeln. Meine Konzentration blieb immer öfter bei der Tätigkeit, die ich gerade machte, und schweifte nicht mehr dauernd ab. Ich muss aber ständig an mir arbeiten, um diese innere Ruhe weiter in mir zu verankern – oft habe ich das Gefühl, sie entkommt mir wieder, die Ruhe, und ich muss sie festhalten.

In den folgenden Almsommern war es mir sehr wichtig, mindestens einmal am Tag alleine und entspannt bei meinen Tieren auf der Weide zu sein. Sie strahlen Ruhe und Zufriedenheit aus, und das überträgt sich auf mich. Nachts ist es der dumpfe Klang der Glocken, der mir dieses Gefühl von Ruhe und Geborgenheit gibt.

Zu Hause im Alltag veränderten sich dann auch einige Dinge. So wird der Radio nur noch selten eingeschaltet und niemals während der Mahlzeiten. Ich

brauche die Stille, damit ich mir selbst nicht abhandenkomme. Der ständigen Beschallung werde ich schnell überdrüssig. Das war mir früher nie so bewusst, es wird aber auch immer mehr, finde ich. Wir überfordern unseren Körper mit dem ständigen Konsum, nicht nur dem Einkaufen, sondern auch mit dem Konsum von Musik, von Bildern und anderen sinnlichen Eindrücken. Mein Kopf muss erst alles verarbeiten, bevor wieder Raum für den nächsten Input ist. Sonst entstehen Überlastung, Unzufriedenheit und Getriebenheit. Ich möchte lieber weniger Dinge machen und diese dafür leidenschaftlich und mit Hingabe. Dadurch werde ich zufriedener, und das überträgt sich auch auf mein Umfeld.

# MEIN GLÜCK AUF DER ALM, WAS IST DAS?

Oft werde ich gefragt, was denn nun den Reiz des Almlebens ausmacht. Dann kann ich nur sagen: Jede Alm ist anders, und jede Almerin ist anders. Mein ganz persönliches Glück in den drei Sommern auf der Rampoldalm, das war:

— Dass ich die besten Almbauern habe, die ich mir vorstellen kann.

— Dass mein Mann mich voll und ganz unterstützt hat, obwohl er vier Monate lang viel entbehren musste.

— Wenn ich in Momenten, in denen mir alles zu viel wurde, die Hütte zugesperrt habe und zu meinen Kühen gegangen bin, die oben auf dem Plateau ihre Ruhepause hielten. Dann legte ich meinen Kopf auf ihren Bauch, hielt einen Mittagsschlaf und war wieder glücklich.

— Dass ich den ganzen Tag draußen in der Natur sein durfte.

— Dass ich so vielen spannenden Menschen begegnet bin.

— Dass ich gute, neue Impulse für mein Leben bekam.

— Dass ich zwei Sommer aufkranzen konnte.

— Dass ich das Glück hatte, mit Milchkühen zu arbeiten.

— Dass ich das Gefühl der absoluten Geborgenheit durch Tiere und Menschen empfand.

— Dass ich jeden Tag den unglaublich schönen Ausblick genießen durfte.

— Dass sich immer noch bestehende Freundschaften mit den Nachbaralmerinnen ergeben haben.

— Dass ich den Großteil meiner Lebensmittel selbst erzeugen konnte.

Nach meinen drei Almsommern machte ich ein Jahr Pause. Meine Almerer-Freunde fragten in der Zeit oft nach, ob mir die Alm nicht fehlen würde? Doch, natürlich, aber es war nicht so schlimm, wie ich befürchtet hatte. Denn erstens hatte ich mich diesmal gedanklich gut darauf vorbereitet, und zweitens war ich ja nicht ganz ohne Alm. Ich besuchte die anderen Sennerinnen auf ihren Almen. Und ich habe auf vier verschiedenen Almen ausgeholfen und die  Almerinnen für kurze Zeit vertreten – eine Art Betriebshelferin für Sennerinnen, wie ich es nannte. So war ich einerseits auf der Alm und konnte andererseits meinen Alltag im Tal normal weiterführen. Dieses Jahr habe ich ganz besonders genossen. Ich bekam Einblicke in andere Almen, andere Sitten und lernte wieder viele neue Menschen kennen.

Das ist auch ein schöner Aspekt am Almleben: Egal wo ich in den Bergen jemanden kennenlerne, immer landet man schnell beim Thema Alm, und immer stelle ich fest, dass man gemeinsame Bekannte unter den Almern oder den Almbauern hat – ob im Berchtesgadener Land oder am Tegernsee oder auf der österreichischen Seite im Lungau oder am Thiersee.

Es überrascht mich immer wieder von neuem, wie groß die Wertschätzung für Almerinnen ist. Lob und Anerkennung braucht jeder Mensch, und als Almerin bekommt man das vielfach. Wann wieder ein Almsommer anstehen würde, das wusste ich nicht – mir war nur klar, dass meine ersten drei nicht die letzten gewesen waren.

# Und so geht's weiter

In meinem Pausenjahr daheim war noch nicht klar, ob ich wieder auf die Alm gehen würde. Ich hätte da nicht zweimal überlegen müssen, doch mein Mann hätte es gern gesehen, wenn ich die nächsten Jahre wieder im Tal bleiben würde. Ich verstehe ihn natürlich: sein Beruf und dann noch die Arbeit in Haus und Garten, zusätzlich die Musikauftritte und die Besuche bei mir auf der Alm – kein Wunder, dass ihm gelegentlich alles über den Kopf gewachsen ist. So war ich am Hin- und Herüberlegen, ob ich einen neuen Anlauf machen sollte, und ließ es schließlich einfach laufen. Ich dachte mir, wenn es das Schicksal will, dann schickt es mir eine Almstelle. Und genau so sollte es kommen.

Im Sommer trafen wir auf dem Rosenheimer Volksfest einen Bekannten und setzten uns mit ihm auf eine Mass Bier zusammen. Martin, genannt Marche, ist selbst Almbauer und erzählte uns, er suche fürs kommende Jahr noch eine Almerin, aber nur für die zweite Hälfte der Saison. Sein Senner Schorsch könne die Alm nur bis Mitte August versorgen.

Ich jubelte innerlich – das war eine salomonische Lösung, ich freute mich sehr! Ich konnte wieder auf die Alm, war aber nicht so lange von zu Hause weg, dass es meinem Mann zu lang werden würde. Nächstes Jahr würde ich von Mitte August bis Ende September auf der Laubensteinalm sein, ebenfalls im Chiemgau, zwei Stunden zu Fuß aus dem Tal und nicht weit von Bernau am Chiemsee entfernt, wo ich bei den Auftritten meiner Musikkapelle weiter mitspielen kann. Ideal! Da würde ich sogar abends zu den Standkonzerten radeln können. Auf die neue Alm freute ich mich sehr: eine ganz neue Erfahrung – zum ersten Mal ohne Milchkühe.

## JEDE ALM IST ANDERS

Es gibt natürlich auch andere Almen. Viele werden nur mit Jungvieh bestoßen. Da fällt viel weniger Arbeit an, weil keine Milch verarbeitet werden muss. Andere Almen liegen in sehr beliebten Wandergebieten an viel begangenen Wegen. Hier macht in der Hochsaison und bei Schönwetter die Bewirtung der Wanderer den überwiegenden Teil der Almarbeit aus. Und viele Almen, das sind die, die man hauptsächlich im Fernsehen sieht, heißen nur noch Alm, sind aber inzwischen weniger Sommerfrische für Kühe als für Urlauber, die dort wie in einer Gastwirtschaft verköstigt werden und sogar übernachten können.

In den letzten Jahren hatte ich ja schon die unterschiedlichsten Almen kennengelernt. Nicht nur durch meine eigenen Erfahrungen als Aushilfe, sondern auch durch Erzählungen und Besuche bei Regina, einer der Töchter meines Almbauern Klaus Vogt, die jedes Jahr wieder eine neue Almstelle antrat. Sie hat schon die verschiedensten Almen bewirtschaftet – jedes Mal habe ich sie besucht, und jedes Mal waren die Almen wieder ein bisschen anders: mal mit, mal ohne Bewirtung, von zwei Sennerinnen geführt oder nur von einer, mit Milchkühen oder nur mit Jungvieh, mit vielen oder wenigen Tieren, und so weiter. Auch während ich auf der Rampoldalm als Sennerin tätig war, durfte ich sie jeweils für ein paar Tage besuchen. In der Zeit vertrat mich Chrissi, die jüngste Vogt-Tochter, auf meiner Alm. Und so fuhr ich einmal in den Lungau im Salzburger Land, ein anderes Mal auf die Grabenbergalm bei Thiersee in Tirol.

Die Almen im Lungau sind ganz anders als bei uns. Das Gebiet ist viel weitläufiger, und die Almflächen betragen meist mehrere Hundert Hektar – was natürlich auch daran liegt, dass die Alm auf 1700 Metern Höhe liegt und die Weide deshalb viel karger ist. Da ist es nicht verwunderlich, dass Regina nicht allein, sondern gemeinsam mit einer zweiten Sennerin für das riesige Almgebiet zuständig war. Für eine allein wäre das kaum zu bewältigen.

Die Milch der Kühe wird dort zu einer regionalen Spezialität verarbeitet, dem Lungauer Topfenkäse. Dabei säuert man die Magermilch in großen, alten Milchkannen einige Tage an und erhitzt sie dann in einem riesigen Kupferkessel über der offenen Feuerstelle, bis sie ausflockt. Der Bruch wird in große Käsetücher abgeschöpft, dann presst man die Molke aus, und es entsteht ein sehr trockener, bröckeliger Topfen. Gewürzt mit viel scharfem Paprika, Pfeffer und Salz reift der Käse in gelochten Käseformen auf einem Brett über dem warmen Ofen. Nach einigen Tagen verändert er seine Konsistenz, wird weicher und glasiger. Mit zunehmender Lagerdauer intensiviert sich der Geschmack. Die Lungauer lieben diesen Käse. Man isst ihn auf Bauernbrot mit sehr viel Butter, darauf kommt ebenso viel Käse. Wir haben ihn alle probiert, konnten uns aber mit dem sehr scharfen, intensiven Geschmack überhaupt nicht anfreunden. Allen Besuchern aus Bayern ging es so, erzählte Regina. Wir lachen heute noch, wenn wir über Reginas Lungauer-Käse-Abenteuer sprechen. So sind die Geschmäcker von Region zu Region verschieden – die Lungauer fanden unseren Käse dafür viel zu mild.

Der Lungau zog dann sogar im Chiemgau ein. Regina betreute auf ihrer Alm ausschließlich Pinzgauer. Das Fell der Tiere dieser Rasse ist rotbraun, fast kastanienfarben, und über den ganzen Rücken zieht sich ein weißer Streifen. Regina hatte sich in den drei Monaten Almzeit in eine dieser Kühe verliebt, und so kaufte ihr Vater sie am Ende der Almzeit dem dortigen Bauern ab. Die Kuh war trächtig und kalbte dann im Winter. Die Kuh hieß Emmi, und es waren Zwillinge: das eine schwarz mit weißem Streifen, das andere rehbraun. Beide wurden dann im nächsten Sommer die Lieblinge aller Almbesucher. Sie tobten auf der Rampoldalm so frech über die Weiden wie keine anderen Kälber.

Den Sommer darauf verbrachte Regina auf einer Alm in Tirol, auf der sie 18 Kühe zu melken hatte und die Milch alle zwei Tage von der Molkerei abgeholt und in eine große Käserei gefahren wurde. Auf dieser Alm gab es keinerlei Bewirtung, sie musste nicht buttern und käsen, und so blieb ihr im Vergleich zum Lungau richtig viel Zeit für sich selbst.

Ein Jahr später zog es sie dann an den Königssee auf eine wunderschön gelegene Alm – das war Kontrastprogramm pur: sechs Kühe melken, Butter und Käse herstellen, drei Schweine versorgen und viele, viele Touristen, die sich auf almtypische Brotzeit und frische Buttermilch freuten. Die schönsten Tageszeiten waren der frühe Morgen und der Abend. Ich besuchte sie für einige Tage und tauchte dort in eine ganz andere Almwelt ein.

Morgens vor elf Uhr kommen dort selten Gäste, doch wenn das erste Schiff der Königsseeschifffahrt anlegt, heißt es Ärmel hochkrempeln. Im Hochsommer ist die Arbeit kaum zu bewältigen: Man rotiert zwischen Käsebrote schmieren, Buttermilch aus dem Keller holen, hier noch ein Bier hinstellen und da noch ein Speckbrot servieren. Das geht so bis spätnachmittags, doch mit dem letzten ablegenden Schiff reißt der Touristenstrom schlagartig ab. Zurück bleibt ein riesiger Berg aus Brotzeitbrettln, Messern und Krügen mit klebrigen Buttermilchresten. Doch Regina erledigte zuerst die Stallarbeit. So entspannte sie sich am besten. Die Kühe strahlten Ruhe und Gelassenheit aus, und vor allem: Sie sprechen nicht. Einfach arbeiten und sich mit niemandem unterhalten zu müssen, das ist der beste Ausgleich zum Tag. Abends, nach getaner Arbeit, sitzt man dann gerne auf seiner Bank vor der Hütte und schaut über den spiegelglatten See. Jetzt kommt mit Sicherheit niemand mehr, da die Alm nur mit dem Schiff zu erreichen ist – auch das hat etwas.

Die Unterschiede sind groß, und jede Alm hat ihre Vorzüge wie auch ihre kleinen Schattenseiten. Das aber macht für mich auch den Reiz aus – ich stelle mich dem Almsommer, nehme die Dinge so an, wie sie sind, und versuche, das Beste daraus zu machen. Jede Alm hat ihre speziellen Anforderungen, jeder Almbauer andere Erwartungen und Prioritäten. Deshalb ist es auch schön und bereichernd, auf verschiedenen Almen zu arbeiten. In den ersten Sommern auf der Rampoldalm konnte ich mir nicht vorstellen, jemals auf eine andere Alm zu gehen, weil es mir dort unglaublich gut gefiel. Ich sagte immer, besser geht's gar nicht. Doch inzwischen habe ich verstanden, dass es nicht darum geht, Vergleiche zwischen den Almen zu ziehen, sondern darum, an jedem Almsommer zu wachsen, Neues zu lernen, den eigenen Horizont zu erweitern und andere Ansichten kennenzulernen und zu akzeptieren.

## WAS ERWARTET MICH AUF DEM LAUBENSTEIN?

Umso gespannter war ich dann, was mich auf der Laubensteinalm erwarten würde: eine ganz andere Alm, ohne Milchkühe, nur Jungvieh, die Nachbaralmerinnen in Rufweite, und im Unterschied zur Rampoldalm eine ganz einfache Unterkunft, ohne Komfort, fast so wie vor hundert Jahren.

Zwei Wochen vor Beginn meines vierten Almsommers radelte ich hinauf auf die Alm. Der Almerer Schorsch, der die erste Hälfte der Almzeit bestritt, wollte mir das Almgebiet zeigen und mich in die wichtigsten Abläufe einführen. Es war ein sonniger Tag, und der Wind wehte mir umso heftiger ins Gesicht, je höher ich kam. Schon bevor ich die Alm sehen konnte, hörte ich die Kuhglocken – und da war es wieder, dieses Gefühl: Da gehöre ich hin! Mir wurde leicht und froh ums Herz, und ich hatte das Gefühl anzukommen. Meine Stimmung wurde richtiggehend euphorisch, als ich die Tiere auf der Weide grasen sah, und ich wusste: Das ist meine Welt.

So geht es mir immer: Kaum bin ich auf der Alm, fallen Druck und Stress von mir ab. Die endlosen Gedankenschleifen, die sonst ständig in meinem Kopf kreisen, sind wie weggeblasen – als ob der Wind sie mitgenommen hätte. Was ist hier so anders als im Tal? Warum fühle ich mich plötzlich so wohl und bin so glücklich? Diese Fragen gehen mir nicht mehr aus dem Kopf, während ich mit dem Almerer die Grenzen zu den Nachbaralmen abschreite und er mir die Brunnen und die Wege zeigt. Später sitzen wir in der warmen Sonne vor der Hütte, auf einer einfachen Holzbank, und trinken zum Abschied ein Glas Wein. Dann geht es für mich wieder talwärts, mit dem Rad. Und jetzt fallen mir auch die Gründe für dieses wunderbar positive Gefühl ein: Es ist die Einfachheit, das Überschaubare hier oben, die klaren Aufgaben, die klaren Grenzen, die mir ein Gefühl der Geborgenheit und des Vertrauens geben. Auf der Alm ist viel zu tun, und doch ist alles übersichtlicher. Was ich heute nicht schaffe – es sei denn, es ist etwas Dringendes im Zusammenhang mit den Tieren –, das erledige ich morgen. Das Arbeiten ohne Druck von außen, vor allem ohne Termindruck, ist es, was mich aufatmen lässt. Ich bin mein eigener Herr, sozusagen, und kann aber bei größeren Problemen auf die Hilfe des Almbauern zählen. Und ich arbeite den ganzen Tag draußen in der Natur, was meinem Freiheitsdrang und meiner Lust auf frische Luft und Wind um die Nase hundertprozentig entspricht. Glücklich und voller Vorfreude komme ich an dem Tag nach Hause.

## ZWEI MONATE SPÄTER

Am 14. August packte ich mein Auto mit dem Notwendigsten und begab mich auf dem abenteuerlichen Schotterweg nach oben. Mein kleiner Hausstand für sechs Wochen lag schwer im Kofferraum, und an den letzten Steilstellen wäre ich beinahe gescheitert. Zwischen den Getränkekästen saßen mein Begleiter Carlos, eine wunderschöne weiße Hausgans, und natürlich meine Katze Maunzi.

Mit Ach und Krach schaffte ich es bis zur Hütte auf 1320 Metern. Oben angekommen trafen auch mein Mann und der Almbauer Martin ein, die unseren fahrbaren Hühnerstall samt Bewohnern mit nach oben gebracht hatten. Meine sieben Hühner und der Gockel, gestresst vom Umzug und von der Hitze, bekamen gleich frisches Wasser und etwas Futter. Die erste Nacht blieben sie im Stall, und am nächsten Tag erkundeten sie ihre neue Heimat auf Zeit.

Carlos, die Gans, hatte ich erst vor ein paar Tagen von einem Freund geschenkt bekommen. Ich glaube, das war Liebe auf den ersten Blick. Stolz, mit strahlend weißem Gefieder, nur der Schnabel leuchtend orange und die Augen stahlblau, schritt er gleich neugierig die paar Meter zur Nachbaralm hinunter. Abends ging er mit mir in die Almhütte, blieb immer dicht bei mir, ließ sich aber nur ungern berühren – er schätzte einen kleinen Sicherheitsabstand. Ich respektierte seinen eingeforderten Distanzbereich und freute mich über die Gesellschaft. Er zupfte mich sachte an der Kleidung und an den Beinen, seine vorsichtige Annäherung faszinierte mich sehr. Ich hatte vor einigen Jahren schon einmal Wildgänse, aber die waren nicht so zutraulich. Carlos war alleine, seine Lebenspartnerin war gestorben, und so suchte er sich jetzt einen Menschen als Gefährtin. Zu zweit ist es einfach schöner. Abends bereitete ich ihm einen Schlafplatz im Stall und genoss die laue Sommernacht bei einem Glas Wein vor der Hütte. Es war schön, auf der Alm einmal richtig viel Zeit zu haben, den Abend zu vertrödeln, ohne ein schlechtes Gewissen haben zu müssen wegen der vielen Arbeit, die liegen blieb.

Zum ersten Mal hatte ich auf der Alm keine Milchkühe, sondern nur Jungvieh und Kälber. Dadurch fiel ein großer Teil der Arbeit weg: Ich musste nicht melken, weder Milch verarbeiten, noch Butter und Käse herstellen und auch keinen Stall putzen, weil die Tiere nur draußen auf der Weide waren.

Die ersten Tage auf der Alm waren wie immer voller Spannung: Was würde auf mich zukommen, wie würde sich die Zusammenarbeit mit dem neuen Almbauern und mit meinen Almnachbarn gestalten? Hier war alles ganz anders: Die Hütte ist sehr spartanisch eingerichtet, wie eine richtige alte Almhütte. Auf einer Tafel an der Eingangsseite steht geschrieben, dass die Alm 1460 zum ersten Mal erwähnt wurde. 1957 hat man den Stall neu gebaut, und seither zweimal das vom Sturm weggeblasene Dach erneuert. Aber in der Stube sieht es aus wie ganz früher, das gefällt mir. Zwar war ich schon beim ersten Kochen versucht, mir eine Liste mit Dingen zu machen, die ich unbedingt noch vom Tal hochbringen lassen musste. Aber dann verwarf ich den Gedanken. Ich wollte mit den Gegebenheiten klarkommen. Die Almerinnen der letzten fünfhundert Jahre hatten das schließlich auch geschafft. Runterkommen heißt die Devise. Der Reiz besteht in der Improvisation, und ich schaffte es ohne Probleme, auch hier einen guten Topfenstrudel zu backen.

Den packte ich ein und stellte mich bei meinen Almnachbarn vor. Ein paar Minuten nur musste ich bergab gehen und war schon bei der Rosi, meiner direkten Nachbarin – eine ganz neue Erfahrung, jemanden so nah zu wissen und sehr bereichernd. Die dritte Alm liegt direkt gegenüber Rosis Alm, und wir waren alle drei sofort auf einer Wellenlänge.

Mit Rosi Vinzenz hatte ich dann die schönsten Erlebnisse während meiner Laubenstein-Zeit: Beide sind wir begeisterte Kräuterhexen, wir tauschten Erfahrungen, Rezepte und so manches Glas Almrauschlikör aus. Wir saßen an den Abenden gemeinsam vor einer der Hütten, ratschten, machten Musik und

sangen. Wir verbrachten Zeit mit Wanderern, die sich freuten, zwei Sennerinnen mit Sinn für Musik anzutreffen. Einer unserer regelmäßigen Gäste, der Gawlik Erich, komponierte sogar eine eigene Weise für uns zwei.

Mit Rosi war ich auch arbeitstechnisch eng verbunden, denn das Notstromaggregat für beide Hütten stand bei mir, in der am weitesten oben gelegenen Almhütte. Wenn sie morgens und abends melken wollte, musste sie mich also bitten, das Aggregat anzuwerfen. Handyempfang gab es nicht auf unseren Almen, und so hängte Rosi einfach einen knallroten Eimer vor ihre Stalltür – für mich das Zeichen, das Aggregat einzuschalten.

# *Almrauschlikör*
## *von der Almerin Rosi Vinzenz*

*Für 1 l Likör*

ETWA 500 G WILDKRÄUTER (ZUM
BEISPIEL LÖWENZAHNBLÜTEN UND
-BLÄTTER, FRAUENMANTEL, SILBER-
MANTEL, SCHAFGARBE, VOGELMIE-
RE, LABKRAUT, ALPENVEILCHEN,
SCHLÜSSELBLUME, GÄNSEFINGER-
KRAUT, KAMILLE, QUENDEL, TAUB-
NESSEL WEISS ODER ROT, DOST,
FENCHEL, JOHANNISKRAUT, HIR-
TENTÄSCHEL, ROTKLEE, WUNDKLEE,
WEIDENRÖSCHEN, SPITZWEGERICH,
BRENNNESSELSAMEN, GIERSCH,
ECHTE GOLDRUTE)

300 G BRAUNER KANDISZUCKER
FÜR EINEN DUNKLEN LIKÖR ODER
300 G HELLER ROHRZUCKER FÜR
EINEN GOLDGELBEN LIKÖR

5 NELKEN

3 ZIMTSTANGEN

1 VANILLESTANGE, DER LÄNGE NACH
AUFGESCHNITTEN

1 L KORN

*Tipp:* Ich verwende auch gerne einheimischen Obstbrand, da weiß ich, was ich habe, und unterstütze zugleich noch die heimischen Betriebe.

▶ Alle Zutaten in ein großes verschließbares Glasgefäß geben und 6–8 Wochen in die Sonne stellen. Dabei ab und zu etwas schütteln, damit sich der Zucker auflöst. Dann abseihen und mindestens eine weitere Woche ziehen lassen.

▶ Der Likör schmeckt nicht nur gut, sondern wirkt zusätzlich aktivierend auf den Stoffwechsel.

◆ Das Rezept stammt von meiner lieben Almnachbarin Rosi vom Laubenstein. Sie ist genauso kräuterbegeistert wie ich und sammelt den ganzen Sommer
über die Heilpflanzen auf der Alm. Was sie nicht trocknet oder gleich verbraucht,
kommt in ihren wunderbaren Almkräuterlikör, den wir immer Oimrauschlikör
nennen – obwohl gar kein Almrausch enthalten ist. Wenn man zu viel davon
trinkt, bekommt man aber einen.

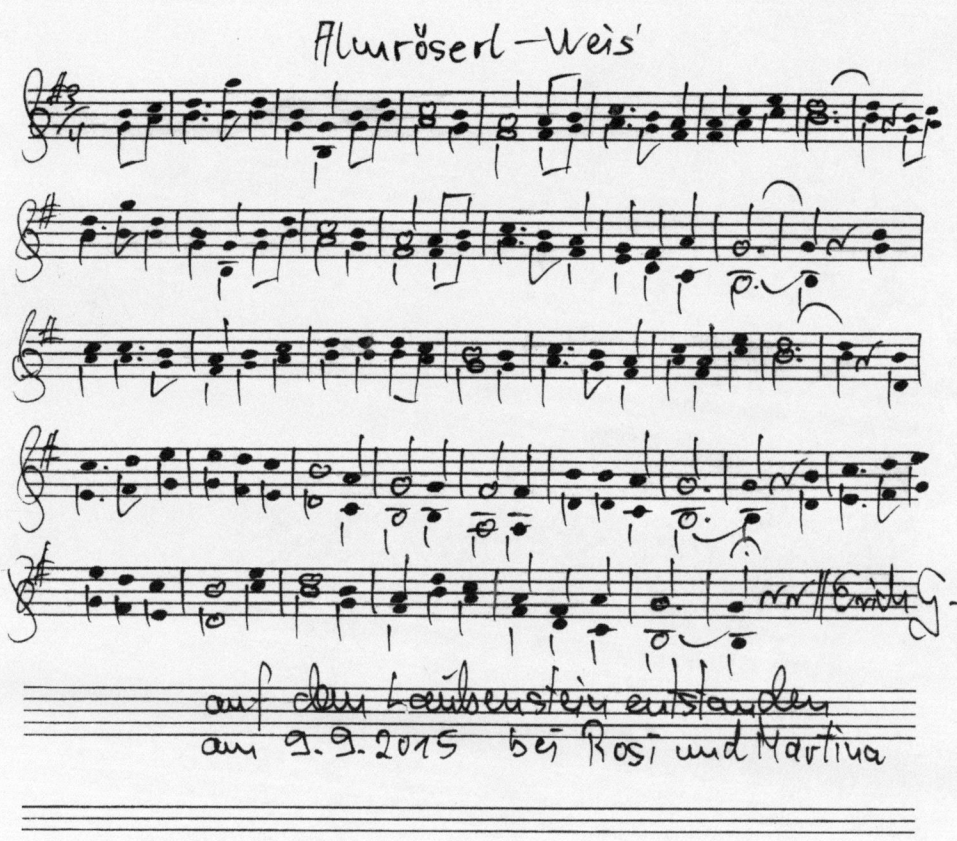

Als an manchen Tagen der Nebel einfiel und so dicht wurde, dass nicht einmal ihre Hütte, geschweige denn der rote Eimer sichtbar war, entwickelte sie eine neue Strategie: Rosi jodelte lautstark zu mir herauf, sobald die Kühe im Stall waren, dann schaltete ich den Strom an, und wenn sie fertig war, wiederholte sich das Ganze. Wir mussten oft lachen über diese Szene, die aus einem Heimatfilm stammen könnte.

Die Laubensteinalm bietet keine Aussicht ins Tal. Die Almen liegen in einer weiten Mulde auf der Südostseite des gleichnamigen Berges. Nach Norden sind es fünf Minuten hinauf auf den Gipfel, der von unten wie ein unspektakulärer Grasbuckel aussieht. Es war aber immer schön zu beobachten, wie Besucher, die zum ersten Mal auf den Laubenstein gingen, die letzten Meter zum Gipfel hochstiegen. Kaum einer, der nicht große Augen machte und einen Ausruf des Erstaunens von sich gab. Zwar erzählt man sich von der wunderbaren Aussicht, aber wenn man dann oben steht, ist man erst einmal überwältigt. Der Chiemsee und der gesamte Chiemgau liegen einem zu Füßen, und man möchte den Gipfelbereich gar nicht mehr verlassen, so schön ist es hier. Ich bezeichne den Ort ja als Kraftplatz und bin fest überzeugt, dass er starke positive Energien besitzt. Auch viele Besucher bestätigten das.

Während Rosi abends beim Melken war, packte ich des Öfteren meinen Rucksack: eine warme Jacke, den Fotoapparat, eine Sitzunterlage aus Filz, das gute Fernglas und eine Flasche alkoholfreies Feierabendbier. Bergschuhe an, und losmarschiert. Ich wanderte über das Almgebiet und hatte häufig das Glück Gämsen und Hirsche zu sehen. Zum Sonnenuntergang setzte ich mich auf einen der nahen Gipfel und genoss dort mein Bier. Einfach nur wunderschön. Ganz anders als auf der Rampoldalm, aber eben anders schön.

Nun ist mein vierter Almsommer schon wieder vorbei, und ich sage immer, gut, dass es *die* Alm nicht gibt. Eigentlich ist jede Alm eine Traum-Alm, auf ihre Weise. Ich weiß nur, dass ich, solange es geht, immer wieder dieser Sehnsucht folgen werde. Nächstes Jahr bin ich wieder auf der Laubensteinalm.

# So kann man Sennerin oder Senner werden

---

$\mathcal{D}$ie oberbayerischen Almbauern sind in einem Verein organisiert, dem Almwirtschaftlichen Verein Oberbayern (AVO). Für alle, die Martina Fischers Sehnsucht nach der Alm teilen, gibt der Geschäftsführer des AVO, Michael Hinterstoißer, Antworten auf die wichtigsten Fragen:

**1** Wie viele Almen gibt es in Oberbayern, die von Sennerinnen und Sennern bewirtschaftet werden?

*In Oberbayern haben wir momentan 709 bestoßene Almen, das heißt: Almen, auf denen im Sommer Vieh weidet. Wir können davon ausgehen, dass etwa die Hälfte dieser Almen mit ständigem Personal bewirtschaftet wird. Bei der anderen Hälfte erfolgt die Viehaufsicht durch regelmäßige Kontrollbesuche vom Talbetrieb aus.*

**2** Welche Voraussetzungen braucht man, wenn man sich als Sennerin bewerben möchte?

*Auf der Internetseite des AVO (www.almwirtschaft.net) findet sich ein Hinweisblatt für Almstellenbewerber, das unter anderem auf diese Frage antwortet. Die wichtigsten Voraussetzungen, die Bewerber/innen mitbringen müssen:*

— *Zeit: Die Almzeit dauert von Anfang/Mitte Juni bis Ende September. In Einzelfällen genügt es auch, wenn zwei Monate zur Verfügung stehen. Dann müsste eine Almstelle geteilt werden.*

— *Verantwortungsbewusstsein: Auf den Almen weidet meist der gesamte Jungviehbestand des Bauern, dieser muss ordnungsgemäß beaufsichtigt und versorgt werden.*

— *Grundkenntnisse in der Viehhaltung: Sie sind unabdingbar. Neulinge können diese jedoch erwerben. Hier empfehlen wir dringend die Teilnahme an einem Tierhaltungskurs an einer staatlichen Tierhaltungsschule. Die Kontaktdaten solcher Schulen sind ebenfalls auf unserer Internetseite zu finden.*

**3** Welches Alter sollte man als Sennerin haben?
*Da gibt es keine Vorschriften. Allerdings sollte das Alter bei der Bewerbung angegeben werden.*

**4** Wieviel verdient eine Sennerin?
*Das ist je nach Arbeitsumfang sehr unterschiedlich und beginnt bei wenigen Hundert Euro monatlich, kann aber auch wesentlich mehr werden. Das hängt von so verschiedenen Einflüssen ab wie z. B. Größe der Alm, Viehzahl, vereinbarte Arbeiten (Kühe melken, buttern, käsen, schwenden, Zaun auf- und abbauen...). Außerdem spielt es eine Rolle, ob ein Almausschank dabei ist und wem die Einnahmen gehören, ob sich das Personal selber mit Lebensmitteln versorgt oder vom Almbauern versorgt wird. Entscheidend ist auch, welchen Versicherungsstatus das Personal hat (Student/in, Rentner/in, Selbstversicherer, angestellt mit kompletten Sozialversicherungen)? Wer viel Geld verdienen möchte, sollte sich nicht für eine Almstelle bewerben. Für dieses Arbeitsgebiet ist ein großes Maß an Idealismus und Freude notwendig.*

*Der Lohn wird allein zwischen dem Almbauern und dem Personal ausgehandelt. Es handelt sich um eine Saisonanstellung, bei der keine hohen Löhne bezahlt werden können.*

**5** Gibt es eine Ausbildung zur Sennerin für Bewerber/innen, die nicht aus der Landwirtschaft kommen?
*Bewerber/innen, die nicht aus der Landwirtschaft kommen, müssen vorher einen ein- oder zweiwöchigen Tierhaltungskurs in einer staatlichen Tierhaltungsschule machen.*

*Diese Kurse werden z. B. in Achselschwang am Ammersee oder in Kempten im Spitalhof angeboten. Erst mit der Kursbescheinigung kann sich die Person dann über den Almwirtschaftlichen Verein bewerben. Außerdem führt der AVO jedes Jahr einen dreitägigen Almkurs durch, der nur von Mitgliedern des AVO besucht werden kann. Hier handelt es sich um eine theoretische Fortbildung, die nahezu sämtliche Themen der Almwirtschaft behandelt. Der Kurs beginnt immer am Aschermittwoch. Die Mitgliedschaft beim AVO ist ganz einfach – Information über das Internet www.almwirtschaft.net.*

**6** Wie bewirbt man sich um eine Almstelle?

*Die Bewerbung ist schriftlich (Brief oder E-Mail) beim AVO einzureichen, und darin sollten neben den persönlichen Daten (Adresse, Telefonnummer, Alter, bisherige Tätigkeit / Beruf) auch Angaben zu den eigenen Beweggründen gemacht werden, warum eine Almarbeit angestrebt wird. Weiterhin kann die Bewerbung spezielle Wünsche enthalten, z.B. Betreuung von Milchkühen und Verarbeitung der Milch zu Butter und Käse, ausschließlich Jungviehbetreuung, Almausschank, bevorzugte Region. Der AVO gibt die Adresse der Bewerber / innen an die Almbauern weiter, die Personal suchen. Der Almbauer nimmt dann Kontakt mit den Bewerber / innen auf.*

Vielen Dank für die Informationen an Michael Hinterstoißer!

**Butter, der** – Butter, die: Im Bairischen ist die Butter maskulin, es heißt also: der Butter, nicht die Butter. Deshalb haben wir das in diesem Buch auch so gehalten – immer von »die Butter« zu sprechen wollte mir einfach nicht über die Lippen kommen respektive in die Tastatur fließen.

**Dirndlg(e)wand** – Dirndlkleid: typische bayerische Frauenbekleidung, bestehend aus Bluse, Trägerkleid mit angereihtem Rock und Schürze.

**Gams,** Plural: **Gamsen** – Gemse, Gemsen

**G(e)wand** – Kleidung. G(e)wand bedeutet nicht »Kleid«, G(e)wand kann auch eine Hose sein, der Begriff kann für Frauen- und Männerkleidung stehen.

**Kaiwe,** Plural: **Kaiwe** – Kalb/Kälbchen. Rinder, die jünger als ein Jahr sind.

**Käsebruch** – Die in Würfel geschnittene, mit Lab dickgelegte Milch nennt man Käsebruch. Man schneidet die geronnene Milch, sie wird auch Gallerte genannt, mit einem Messer oder einer Käseharfe in Würfel, damit sich die Molke absetzen kann. Sobald die Gallerte geschnitten ist, nennt man die entstandenen Würfel oder Brocken Käsebruch.

**Kasen** – das Käsemachen. Alle Arbeiten rund um die Käseherstellung fasst man in den Bergen unter dem Begriff »Kasen« zusammen.

**Koim,** Plural: **Koima** – Jungvieh. Weibliche Rinder, die älter als ein Jahr sind, aber noch nicht gekalbt haben, also auch keine Milch geben.

**Kua,** Plural: **Kia** – Milchkühe. Weibliche Rinder, die älter als zwei Jahre sind und schon gekalbt haben.

**Lab** – Lab ist ein Enzym aus dem Kälbermagen, das die Milch gerinnen lässt.

**Latschen** – Latschenkiefer, Legföhre, Krüppelkiefer. Diese Bergkiefernart wächst in 1000 bis 2700 Metern Höhe und sucht sich gern die Gesellschaft von Almrausch – wie auf der Rampoldalm.

**Melchbichel** – der Platz, meist eine Hügelkuppe, in der Nähe der Alm, auf dem die Kühe früher von der Almerin gemolken wurden. »Bichel«, »Bichl« oder auch »Büchel« ist die alte Bezeichnung für einen Hügel, eine sanfte Erhebung.

**Radio, der** – Radio, das: Im Bairischen ist das Radiogerät, ebenso wie der Butter, maskulin.

**Rahm** – Sahne

**Ratschen** – miteinander reden, sich unterhalten

**Schwenden** – das Entfernen von Pflanzen mit verholzenden Stängeln, die die Almweiden überwuchern und unbrauchbar für die Beweidung machen würden. Das Entfernen geschieht durch Mähen, Ausreißen oder Abschneiden. Auf unseren Almen im Voralpenland werden hauptsächlich Sämlinge von Bäumen wie Fichte, Latsche und Lärche geschwendet, ebenso wie verholzende Stauden wie Almrausch und Wacholder und für Weidevieh ungenießbare Pflanzen wie etwa Disteln, Weißer Germer, Ampfer und Brennnesseln.

**Speis** – Speisekammer

**Stallg(e)wand** – Kleidung, die man nur zur Stallarbeit trägt und anschließend wieder auszieht.

**Topfen** – Quark

**Vouhaagl** – der »Vorhag«, das ist der kleine, eingehegte, also mit einem Stangenzaun vor den Tieren geschützte Platz direkt vor der Almhütte. Hier sitzt man, und hier arbeitet die Almerin oder der Almer.

**Wassergrand** – auch: Granterl, Grandl. Ein am Rand des Holzofens in diesen eingelassener Behälter, der mehrere Liter Wasser fasst. Das Wasser im Granterl wird durch die direkt daran vorbeiführenden Rauchabzüge des Ofens erwärmt. So steht immer heißes Wasser zur Verfügung – erwärmt durch Energie, die sonst durch den Kamin entweichen würde.

**Zsammhocken** – Zusammensitzen: Das Zusammensitzen zum Zweck gemeinsamen Essens, Trinkens und Redens. Diese Form der Geselligkeit ist in Bayern besonders beliebt, fördert die Kommunikation und das Verständnis füreinander und kann viel Zeit in Anspruch nehmen.

## ZUM WEITERLESEN

— Cordula Flegel: Das Almenkochbuch. Leben und kochen in den Bayerischen Alpen, AT Verlag, Aarau und München 2015

— Lotte Hanreich/Edith Zeltner: Käsen leichtgemacht. 120 Rezepte für die Milchverarbeitung, Leopold Stocker Verlag, Graz 2007

— Margret Madejsky: Alchemilla. Eine ganzheitliche Kräuterheilkunde für Frauen, Goldmann Verlag, München 2000

— Margret Madejsky/Olaf Rippe: Heilmittel der Sonne. Mythen, Pflanzenwissen, Rezepte und Anwendungen, AT Verlag, Aarau und München 2013

— Astrid Süßmuth: Lexikon der Alpenheilpflanzen. Heilkunde und überliefertes Wissen, AT Verlag, Aarau und München 2013

## VERZEICHNIS DER REZEPTE

# DANK

Dieses Buch hätte nicht entstehen können ohne die Unterstützung vieler lieber Menschen, bei denen ich mich bedanken möchte:

Bei meinem Mann Franz, dem ich zutiefst dankbar bin, dass er meine Sehnsucht nach der Alm versteht – und dafür, dass er den ganzen Sommer über die Arbeit zu Hause und im Garten alleine bewältigt. Ich danke ihm auch für seine Ruhe und Ausgeglichenheit, wenn mir alles droht über den Kopf zu wachsen, und dafür, dass er zusätzlich zu meinen vielen anderen Ideen auch noch das Projekt Buch mitgetragen hat.

Bei meinen Eltern: meinem verstorbenen Vater, der mir die Liebe zur Landwirtschaft, zur Natur und zur Musik vermittelt hat, und meiner Mutter, die alle meine Wege liebevoll begleitet und mich auch bestärkt hat, dieses Buch anzugehen.

Ich danke der besten Almbauernfamilie, die man sich vorstellen kann: den Vogts, die mich wie ein Mitglied in ihre Familie aufnahmen. Für das große Vertrauen, das sie mir von Anfang an entgegengebracht haben, und für die tiefe Freundschaft, die aus den Almsommern entstanden ist.

Meinen Nachbaralmerinnen und -almerern von der Rampold- und von der Laubensteinalm danke ich für den Austausch, die vielen lustigen Treffen und die offene und hilfsbereite Art jedes Einzelnen.

Olaf Rippe danke ich für seine Feinsinnigkeit und seinen Mut: Er hatte die zündende Idee – ohne ihn gäbe es kein Buch.

Ich danke Ulrich Ehrlenspiel, der mich inspirierte und motivierte, für seine offene, begeisternde Art und sein feines Gespür für mein Thema.

Ich danke Dorothea Steinbacher, die mir geholfen hat, aus meinen vielen Gedankensplittern und Notizen ein Buch zu machen – auch dafür, dass sie meine Zweifel, meine Unsicherheit aus dem Weg geräumt hat und mir bei allen Fragen stets zur Seite stand.

Ganz lieben Dank meiner besten Freundin Annette Schmid, die wirklich immer, zu jeder Zeit, ein offenes Ohr für mich hat, mich auf der Alm jede Woche mindestens einmal besuchte und mir auch bei meinem Buch mit Rat und Tat zur Seite stand.

# BILDNACHWEIS

Martina Fischer: 5 li., 5 re., 8, 10, 13, 19, 23, 27, 28, 31, 33, 34, 36, 38, 41, 45, 47, 49, 51, 53, 54, 57, 58, 67, 72, 76 li., 76 re., 81, 83, 88, 93, 98, 103, 105, 107, 109, 115, 118, 121, 123, 125, 126, 130, 132,134, 136, 139, 140, 143, 144, 150, 151, 152, 156, 158, 159, 163, 164, 167, 168, 169, 178, 180, 191, 194, 196, 197, 199, 200, 201, 203, 204, 207, 208, 215, 217, 218, 221, 230, 231, 232
Dorothea Steinbacher: 63, 77, 171, 192, 225, 227, 229
Mathias Neubauer: 6, 14, 16, 20, 24, 29, 32, 61, 62, 65, 66, 69, 70, 73, 74, 75, 79, 82, 85, 91, 95, 97, 100, 111, 112, 116, 135, 138, 148, 155, 160, 176, 186, 189, 212
Michael Hinterstoißer: 235

Verlagsgruppe Random House FSC® N001967

4. Auflage
Originalausgabe
® Verlagsgruppe Random House
Copyright © 2016 Kailash, München, in der Verlagsgruppe Random House GmbH,
Neumarkter Str. 28, 81673 München
Text- und Bildredaktion: Ute Heek, München
Umschlaggestaltung und Innenlayout: ki 36, Sabine Krohberger Editorial Design, München
Satz: Satzwerk Huber, Germering
Druck und Bindung: Print Consult, München
Printed in Slovak Republic
ISBN 978-3-424-63118-0
www.kailash-verlag.de

Besuchen Sie den Kailash Verlag im Netz